中国雷电监测报告

（2012）

中国气象局　编

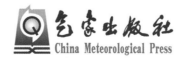

气象出版社
China Meteorological Press

内容简介

本书对 2012 年国家雷电监测网监测到云地闪的位置和密度进行了时空分析统计。首先,介绍了 2012 年全国各月雷电活动情况,统计分析了 2012 年全年雷电(回击)密度、雷暴日、雷电小时数、雷电极性、雷电频数、平均强度和雷电发生规律等各项雷电气候参数。其次,详细分析了全国各省(区、市)的雷电活动特征。最后,本书总结了 2012 年中国气象局针对其他部门和行业开展的雷电监测公共服务和专项服务工作。

本书是一部 2012 年雷电活动的资料和工具书,可供气象领域的科学研究、教学人员使用,也可供电力、农业、航天航空、交通、地理等部门进行防灾减灾决策等参考。

图书在版编目(CIP)数据

中国雷电监测报告.2012/中国气象局编.—北京:气象出版社,
2015.6
ISBN 978-7-5029-6144-2

Ⅰ.①中… Ⅱ.①中… Ⅲ.①雷-监测-研究报告-中国-2012
②闪电-监测-研究报告-中国-2012 Ⅳ.①P427.32

中国版本图书馆 CIP 数据核字(2015)第 114048 号

Zhongguo Leidian Jiance Baogao
中国雷电监测报告(2012)
中国气象局编

出版发行 气象出版社
地 址:北京市海淀区中关村南大街 46 号   邮政编码:100081
总 编 室:010-68407112   发 行 部:010-68409198
网 址:http://www.qxcbs.com   E-mail: qxcbs@cma.gov.cn
责任编辑:陈 红   终 审:阳世勇
封面设计:博雅思企划   责任技编:吴庭芳
印 刷:北京地大天成印务有限公司
开 本:787mm×1092mm 1/16   印 张:7.25
版 次:2015 年 6 月第 1 版   字 数:180 千字
印 次:2015 年 6 月第 1 次印刷
定 价:50.00 元

前 言

雷电(闪电)是自然大气中超长距离的强放电过程,能产生强烈的发光和发声现象,通常伴随着强对流天气过程发生。雷电因其强大的电流、炙热的高温、猛烈的冲击波以及强烈的电磁辐射等物理效应而能够在瞬间产生巨大的破坏作用,常常导致人员伤亡,击毁建筑物、供配电系统,引起森林火灾,造成计算机信息系统中断、炼油厂、油田等燃烧甚至爆炸,危害人民财产和人身安全,也会严重威胁航空航天等运载工具的安全。雷电灾害是"联合国国际减灾十年"公布的影响人类活动的严重灾害之一,被国际电工委员会(IEC)称为"电子化时代的一大公害"。我国的雷电灾害具有发生频次多、范围广、危害严重、社会影响大的特点,严重威胁着我国的社会公共安全和人民生命财产安全。

截至 2012 年 12 月,中国气象局国家雷电监测网共拥有监测站 334 个,在 2011 年原有的基础上新增雷电监测站 20 个,新增站点主要分布在新疆,覆盖面积比 2011 年进一步扩大,为全国的雷电监测与预警服务打下了良好的基础。

《中国雷电监测报告(2012)》对 2012 年国家雷电监测网监测到的中国陆地区域云地闪特征进行了时空统计分析。全书共分五部分,第一部分总结了 2012 年 1—12 月份各月雷电活动极性、雷电活动地域特征和时间特征,并对全年雷电活动的时空特征作了总结。第二部分统计了 2012 年全年雷电(回击)密度、雷暴日、雷暴小时数、雷电极性、雷电频数、平均强度和发生规律等各项雷电气候参数,揭示了 2012 年雷电活动的强度、极性以及频繁程度等特征。第三部分分析了 31 个省(区、市)的雷电活动时空特征。第四、五部分主要介绍了针对其他部门和行业开展的雷电监测公共服务和专项服务工作情况。

本书在编撰过程中得到各个方面的大力支持和热情鼓励,特别感谢中国气象局气象探测中心的领导、专家和同仁们对本书提出的宝贵意见和给予的有益指导!

此外,由于编写时间仓促,书中不妥或不足之处,敬请广大读者批评指正。

编者

2013 年 4 月 20 日

目　录

第四部分　2012 年全国雷电监测信息行业服务

第五部分　2012 年全国雷电信息专项服务

附录:全国雷电监测网运行情况统计

第一部分

2012 年全国雷电活动概况

一、2012 年 1 月雷电活动情况

2012 年 1 月份全国雷电活动分布见图 1.1。1 月份全国雷电活动较少，主要集中在云南西南部，总闪数为 1 104 次，其中正闪 567 次，正闪占总闪的比例为 51.4％。

图 1.2 为 2012 年 1 月雷电频数逐日分布图，雷电活动在月中比较活跃，高发期为 3—5 日、12—15 日和 21 日。其中 4 日闪电数最多，达 301 次。

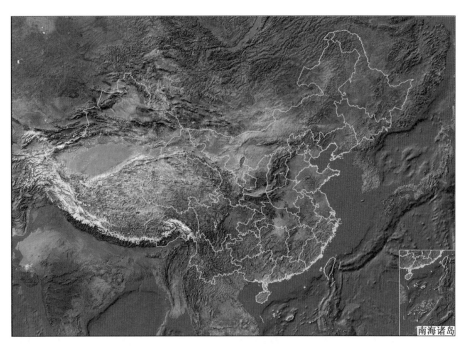

图 1.1　2012 年 1 月雷电活动分布图

（红色表示正闪、橙色表示负闪）

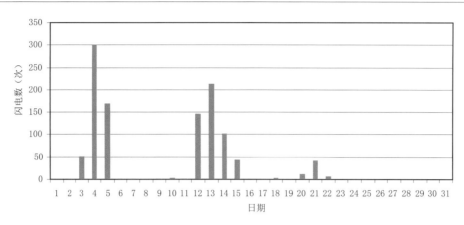

图 1.2　2012 年 1 月雷电频数逐日分布图

二、2012 年 2 月雷电活动情况

2012 年 2 月份全国雷电活动分布见图 1.3。2 月份雷电活动较强，湖北东南部、安徽南部、广东—广西—湖南三省交界处、江西、浙江西部等地区有闪电活动。全国共监测到雷电活动 18 130 次，其中正闪 3 702 次，负闪 14 428 次，正闪占总闪比例 20.4％。

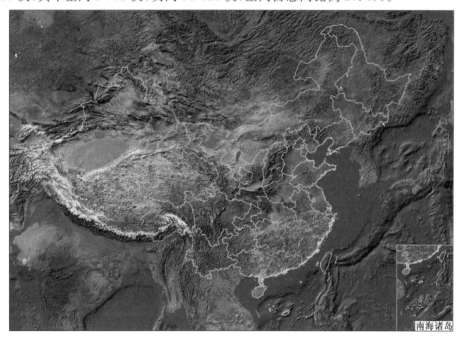

图 1.3　2012 年 2 月雷电活动分布图
（红色表示正闪、橙色表示负闪）

2012 年 2 月雷电频数逐日分布如图 1.4 所示，雷电活动在 2 月下旬较为活跃，时间主要集中在 21—23 日和 27—29 日，其中 22 日的雷电数达到 4 667 次，而 27 日的雷电数为 3 781

次,是 2012 年 2 月份单日雷电数据最多的两天。

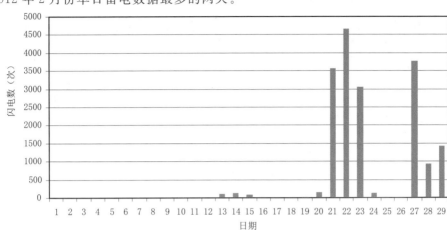

图 1.4　2012 年 2 月雷电频数逐日分布图

三、2012 年 3 月雷电活动情况

　　2012 年 3 月全国共监测到雷电 106 108 次,雷电活动数量较 2 月份明显增多,其中正闪 17 733 次,正闪占总闪比例 16.7%。雷电活动分布如图 1.5 所示,活动范围主要集中在秦岭—淮河以南的南方地区以及西南地区的云南、贵州、重庆等地。长江中下游地区闪电密度较高,其中极高密度区域分布在江西、湖南、湖北、安徽等地区。雷电密度分布如图 1.6 所示。

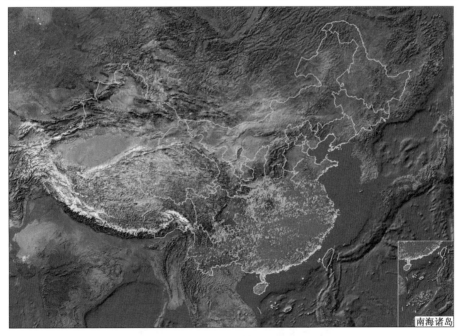

图 1.5　2012 年 3 月雷电活动分布图
(红色表示正闪、橙色表示负闪)

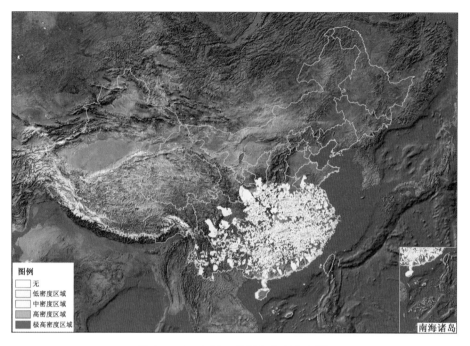

图 1.6　2012 年 3 月雷电密度分布图

2012 年 3 月雷电活动比较多,雷电频数逐日分布如图 1.7 所示。从月初开始便有雷电活动,主要集中在 1—5 日和 19—22 日,其中最多一天(21 日)的雷电数为 21 969 次。

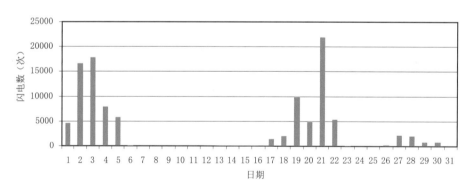

图 1.7　2012 年 3 月雷电频数逐日分布图

四、2012 年 4 月雷电活动情况

2012 年 4 月国家雷电监测网共探测到雷电 701 366 次,其中正闪 65 714 次,负闪 635 652 次。雷电活动分布见图 1.8。总体上来看,长江以南的广大地区以及华北地区等地雷电活动频繁。雷电密度相对较高的地区主要在华南地区。全国的雷电密度分布如图 1.9 所示。

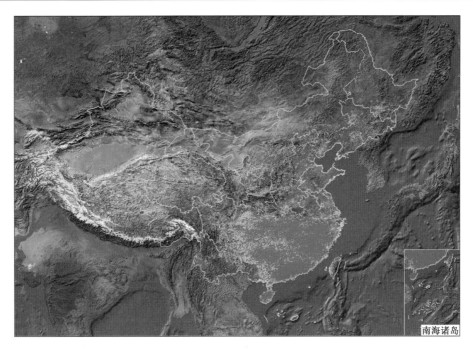

图 1.8 2012 年 4 月雷电活动分布图
（红色表示正闪、橙色表示负闪）

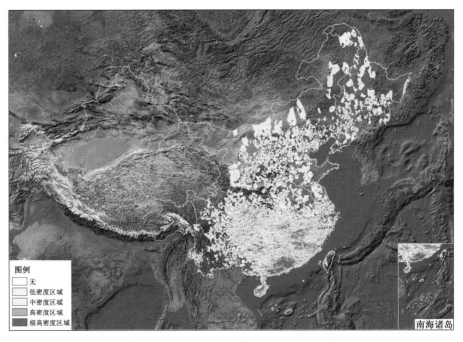

图 1.9 2012 年 4 月雷电密度分布图

图 1.10 为 2012 年 4 月雷电频数逐日分布图,雷电活动主要集中在中下旬,其中最多一天
（30 日）的雷电数达到 63 406 次。

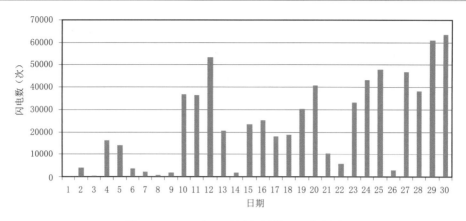

图 1.10　2012 年 4 月雷电频数逐日分布图

五、2012 年 5 月雷电活动情况

2012 年 5 月份国家雷电监测网共探测到雷电 1 006 276 次,其中正闪 62 928 次,负闪 943 348次。雷电活动分布如图 1.11 所示。5 月份雷电活动范围较大,整个中东部地区都有雷电活动。雷电高密度区域主要集中在华南和西南地区。雷电活动密度分布如图 1.12 所示。

2012 年 5 月雷电活动主要在三个时间段较为活跃,分别为 1—4 日、8—13 日和 19—22 日,其中 12 日雷电活动最多,数量达到 97 684 次,雷电频数逐日分布如图 1.13 所示。

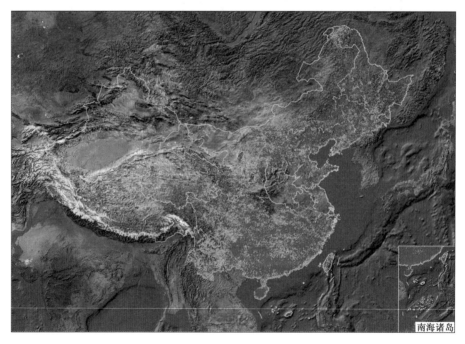

图 1.11　2012 年 5 月雷电活动分布图

(红色表示正闪、橙色表示负闪)

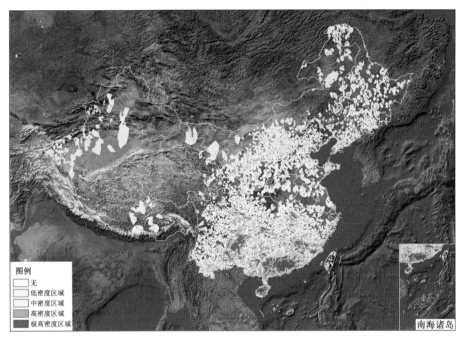

图 1.12　2012 年 5 月雷电密度分布图

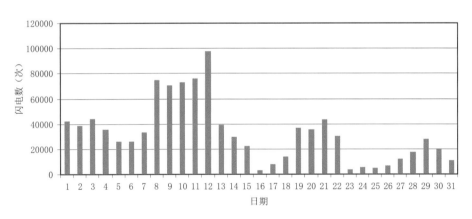

图 1.13　2012 年 5 月雷电频数逐日分布图

六、2012 年 6 月雷电活动情况

2012 年 6 月全国雷电活动频繁，国家雷电监测网共探测到雷电 1 585 211 次，其中正闪 93 923 次，负闪 1 491 288 次。

2012 年 6 月雷电活动密度分布如图 1.14 所示。从图中可以看出，华南、西南（云南、贵州）、长江中下游（湖南、江西、浙江等地）、华北及东北南部等地区，都处于雷电活动密度较大的区域。

整个 6 月份，雷电活动连续较频繁，这与 6 月强对流天气系统的活动频繁相对应。日雷电

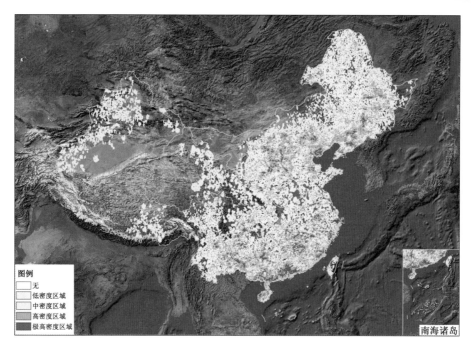

图 1.14　2012 年 6 月雷电密度分布图

数超过 80 000 次的有 6 天,其中 10 日雷电活动最多,达到 126 794 次。雷电频数逐日分布图
如图 1.15 所示。

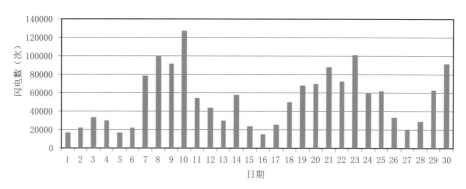

图 1.15　2012 年 6 月雷电频数逐日分布图

七、2012 年 7 月雷电活动情况

　　2012 年 7 月雷电活动次数比 6 月明显增多,国家雷电监测网共探测到雷电 2 716 097 次,
其中正闪 100 683 次,负闪 2 615 414 次。7 月份为全年雷电活动数量最多的月份,雷电数量占
全年雷电总数的 28.4% 左右。

　　图 1.16 为 2012 年 7 月雷电活动密度图,从图中可以看出,雷电极高密度区域主要集中在
长江中下游沿岸地区(四川、重庆、湖北、安徽、江苏、浙江),华北(京津冀地区)以及东南沿海

(福建、广东等)等地区。

2012 年 7 月雷电活动都比较活跃,平均每日雷电数达到 87 616 次,超过 100 000 次的雷电日有 10 天,雷电活动最多一天(31 日)的雷电数为 163 624 次。7 月雷电活动最少的一天(24 日)数量也达到了 32 921 次,雷电频数逐日分布如图 1.17 所示。

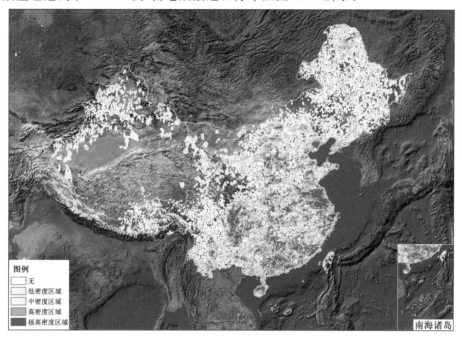

图 1.16 2012 年 7 月雷电密度分布图

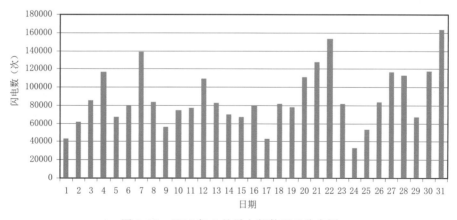

图 1.17 2012 年 7 月雷电频数逐日分布图

八、2012 年 8 月雷电活动情况

2012 年 8 月国家雷电监测网共探测到雷电 2 150 504 次,其中正闪 66 699 次,负闪 2 083 805次。

　　2012 年 8 月雷电活动非常活跃,平均每日雷电数达到 69 371 次。超过 100 000 次的雷电日有 8 天,其中最多一天(20 日)的雷电数有 248 980 次,也是 2012 年全年中雷电次数最多的一天。雷电频数逐日分布如图 1.18 所示。

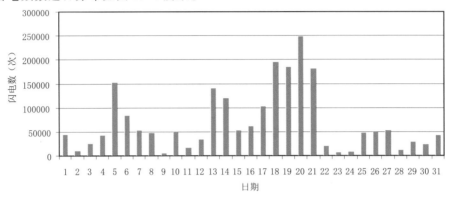

图 1.18　2012 年 8 月雷电频数逐日分布图

　　图 1.19 为 2012 年 8 月雷电密度分布图,雷电极高密度区域主要集中在长江中下游地区(江苏、安徽、浙江、湖北等地)和西南地区(四川东南部、贵州、重庆、云南)。

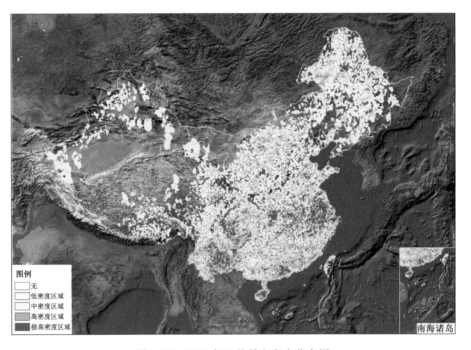

图 1.19　2012 年 8 月雷电密度分布图

九、2012 年 9 月雷电活动情况

　　2012 年 9 月雷电活动比前三个月有所减少,数量约为 8 月份的 55.4%,国家雷电监测网

共探测到雷电 1 190 823 次,其中正闪 49 678 次,负闪 1 141 145 次。

　　2012 年 9 月平均每日雷电数达到 39 694 次,雷电活动主要集中在 1—2 日、6—13 日、19 日、22—24 日和 27 日。其中最多一天(8 日)的雷电数达到 159 747 次。雷电频数逐日分布如图 1.20 所示。

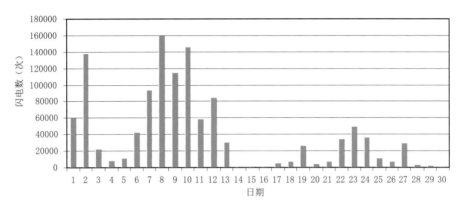

图 1.20　2012 年 9 月雷电频数逐日分布图

　　图 1.21 为 2012 年 9 月雷电密度分布图。9 月份雷电活动主要集中在云贵高原、四川盆地、华南地区和东南地区。活动范围较 8 月有所缩小,雷电密度也明显减小,其中山东、河南、安徽、湖南及东北地区等地的部分地区雷电密度迅速下降。雷电高密度区域主要集中在四川东部、云南、贵州、广东沿海及江西、浙江、福建和海南等地区。

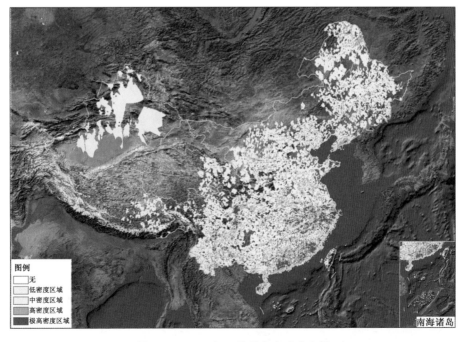

图 1.21　2012 年 9 月雷电密度分布图

十、2012 年 10 月雷电活动情况

　　2012 年 10 月雷电活动相比前 5 个月迅速减少,雷电数量仅为 9 月份的 7%,国家雷电监测网共探测到雷电 83 453 次,其中正闪 9 621 次,负闪 73 832 次。

　　2012 年 10 月平均每日雷电数达到 2 692 次,雷电活动主要集中在 3—4 日和 21—22 日两个时间段,其中最多一天(21 日)的雷电数达到 23 896 次,22 日之后,雷电活动明显减少。雷电频数逐日分布如图 1.22 所示。

　　图 1.23 为 2012 年 10 月雷电活动分布图。10 月份雷电活动范围相对较小,主要集中在云南、湖北、安徽、江苏和辽宁以及黑龙江、吉林、内蒙古自治区、四川、山西等部分地区。

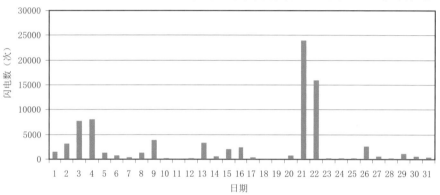

图 1.22　2012 年 10 月雷电频数逐日分布图

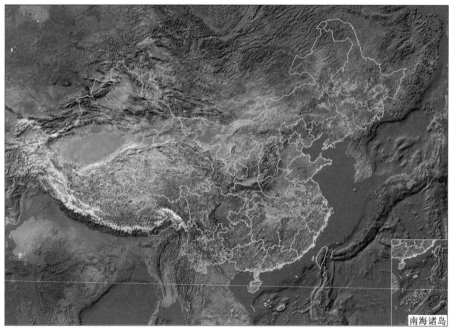

图 1.23　2012 年 10 月雷电活动分布图

(红色表示正闪,橙色表示负闪)

十一、2012年11月雷电活动情况

2012年11月国家雷电监测网共探测到雷电31 244次,其中正闪3 959次,负闪27 285次。雷电数量少于去年11月份的74 602次,比去年同期减少了58.1%,比本年10月份的雷电数量减少了62.6%,雷电活动迅速减少。

2012年11月平均每日雷电数达到1 041次,雷电活动主要集中在2—3日、10日和23日,其中最多一天(3日)的雷电数达到12 715次,其他时间段雷电活动相对较少。雷电频数逐日分布如图1.24所示。

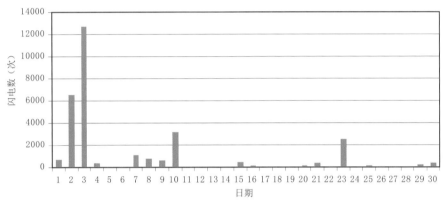

图1.24　2012年11月雷电频数逐日分布图

图1.25为2012年11月雷电活动分布图。11月份我国雷电活动数量和范围都在减少,主要集中在贵州、重庆、湖北、江苏、浙江、江西、湖北、云南和广东等部分地区。

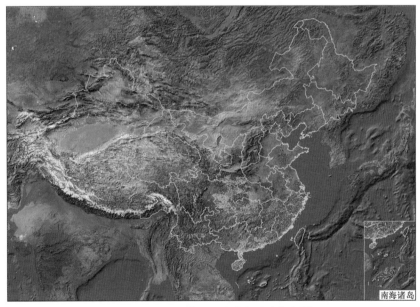

图1.25　2012年11月雷电活动分布图

(红色表示正闪,橙色表示负闪)

十二、2012 年 12 月雷电活动情况

2012 年 12 月雷电频数逐日分布如图 1.26 所示,国家雷电监测网共探测到雷电 6 924 次,其中仅 16 日雷电数量接近 2000 次,除 14—16 日和 26—27 日外,其他时间都仅有零星雷电活动。图 1.27 为 2012 年 12 月雷电活动分布图。2012 年 12 月我国内陆地区雷电很少,主要集中在云南、广西以及江西和浙江的部分地区。

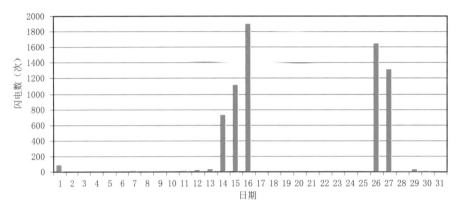

图 1.26　2012 年 12 月雷电频数逐日分布图

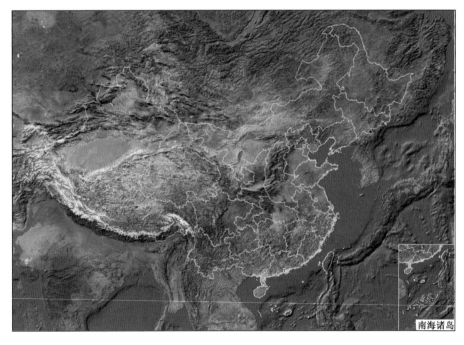

图 1.27　2012 年 12 月雷电活动分布图

(红色表示正闪,橙色表示负闪)

十三、2012 年全年雷电活动情况总结

2012 年 1—12 月全国共发生云地闪 959.7 万次。2012 年的雷电天气系统在时间分布特征上与 2011 年稍有不同,3—5 月份雷电活动相对 2011 年稍有增加,10 月份雷电活动迅速减少,雷电活动的活跃期为 4—9 月份,其中 6—8 月份为高发期。

1. 空间分布特点

2012 年全国云地闪分布区域与往年相似,华南地区、西南地区、长江中下游地区以及华北地区为云地闪高密度区域。

2. 时间分布特点

2012 年 1 月云地闪数量较少,比 2011 年同期大幅减少。2—5 月、9 月和 12 月呈现增长趋势,分布较 2011 年同期云地闪数量有明显增加,尤其是 2 月、3 月、4 月和 12 月有大幅度的增加。6—8 月和 10—11 月云地闪数量较 2011 年同期数量有所下降。但比 2009—2011 年同期雷电数量却有所增加。8 月云地闪数量较 2009—2011 年同期明显减少。

具体见图 1.28、图 1.29 和表 1.1。

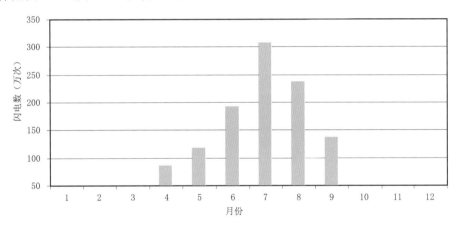

图 1.28　2012 年雷电数分布图

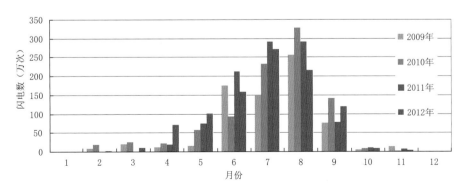

图 1.29　2009—2012 年月雷电数分布图

表 1.1　2009—2012 年月雷电数分布表(单位:次)

月份	2009 年	2010 年	2011 年	2012 年
1	1463	1748	3315	1104
2	81002	178041	2464	18130
3	206651	244179	5728	106108
4	117170	222183	179421	701366
5	156709	574422	742146	1006276
6	1748294	918006	2114754	1585211
7	1478345	2330199	2904434	2716097
8	2558252	3285158	2908266	2150504
9	756887	1411179	769925	1190823
10	55029	88649	104054	83453
11	130090	19438	74602	31244
12	1415	1342	301	6924
全年	7291307	9274544	9809410	9597240

第二部分
2012 年全国雷电气候参数统计

一、2012 年全国雷电(回击)密度分布图

2012 年全国云地闪密度区域分布与往年相似,雷电密度分布如图 2.1 所示(单位为次/平方千米)。高密度区分布在东南沿海与西南一带,其中广东珠江三角洲、四川东部、浙江、江苏南部、安徽南部、江西北部和福建东部沿海地区仍为云地闪高密度区域。北方部分省份如山东、河南、河北、辽宁等地部分地区地闪高密度较 2011 年有所增强。

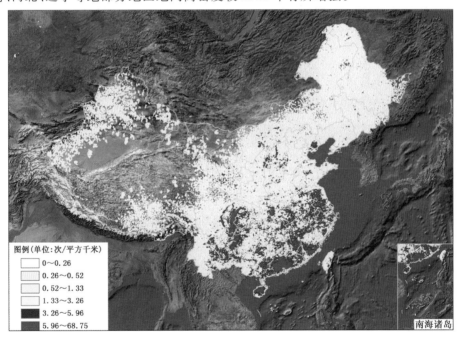

图 2.1　2012 年全国雷电密度分布图

二、2012 年全国雷暴日分布图

图 2.2 为 2012 年全国雷暴日分布图,单位为天/(20×20 平方千米·年)。从图中可以看出,我国的雷暴活动由东南沿海向西北内陆呈现雷暴日逐渐减少态势,雷暴日地区分布情况与

往年类似。2012年全国雷暴日数最高达117天。长江以南地区仍是我国雷暴日数较多区域。与2011年相比,长江以南地区雷暴日有所增加,尤其是华南地区,雷暴日明显高于2011年。年雷暴日数在70天以上的地区主要有广东、广西东部和海南等地区。而地处我国东北的黑龙江中南部雷暴日较2011年有所减少。

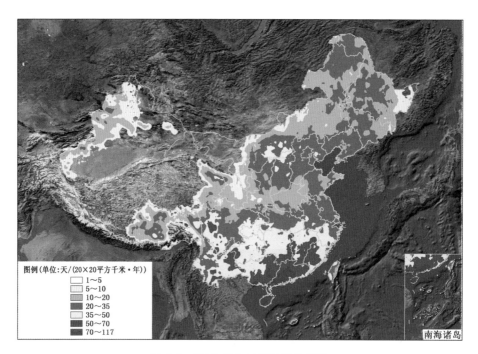

图2.2　2012年全国雷暴日分布图

三、2012年全国雷电小时数分布图

　　2012年全国雷电小时数分布如图2.3所示,高值区集中在长江以南地区、西南地区以及华北地区等。与2011年相比,全国雷电小时数整体上呈现上升趋势,尤其长江下游沿岸地区雷电小时数较2011年增加明显,而在华北地区有所减少。

四、2012年全国雷电极性分布图

　　2012年全国雷电极性分布(正闪百分比)如图2.4所示,我国东部和南部大部分地区正闪百分比低于15%,中西部地区、东北地区正闪百分比较高,可达15%以上,个别地区达到65%以上。

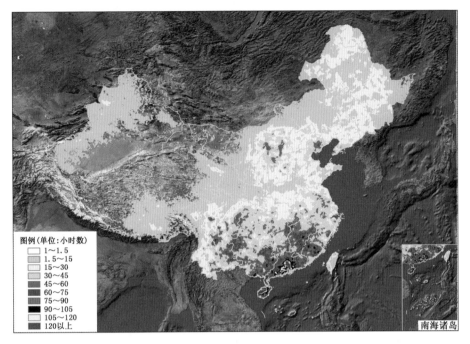

图 2.3　2012 年全国雷电小时数分布图

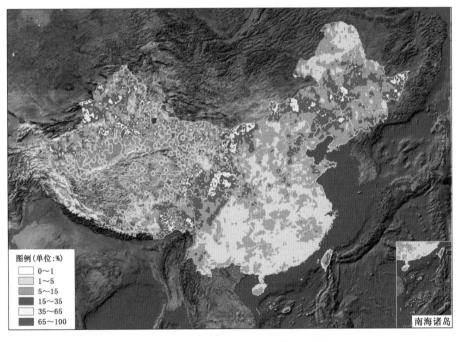

图 2.4　2012 年全国雷电极性分布图

五、2012 年全国雷电频数分布图

图 2.5 为 2012 年全国雷电频数分布图(单位:次数/小时),全国雷电频数分布高值区域与 2011 年分布有所不同,长江流域(包括江苏、安徽、湖北和四川)与 2011 年类似,仍为高值区,而华北地区、东北地区南部、长江中下游地区雷电频数显著减少。

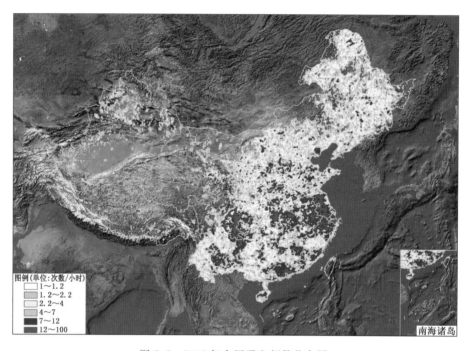

图 2.5　2012 年全国雷电频数分布图

六、2012 年全国雷电负闪(回击)平均强度分布图

2012 年全国雷电负闪平均强度分布区域(如图 2.6 所示)与 2011 年相比,东北地区和中西部明显增加,四川省和华南地区减少。2012 年华南地区负闪平均强度在 30～40 千安,而 2011 年华南大部分地区负闪平均强度均超过 45 千安。

七、2012 年全国雷电正闪(回击)平均强度分布图

2012 年全国雷电正闪平均强度分布区域(如图 2.7 所示)与 2011 年有一定差异,东北地区和华北地区平均强度明显增加,西藏自治区正闪强度较大,个别地区达到 120 千安以上,而华中地区(湖南、江西、湖北等周围区域)平均强度增加。

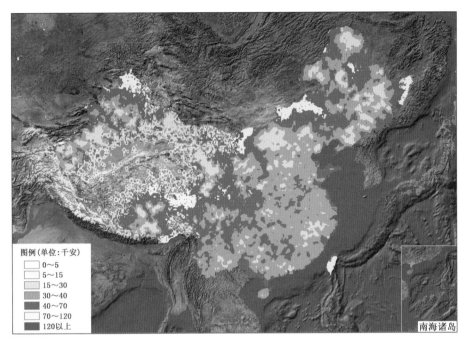

图 2.6 2012 年全国雷电负闪平均强度分布图

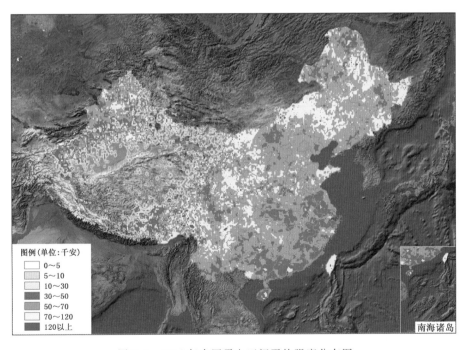

图 2.7 2012 年全国雷电正闪平均强度分布图

第三部分
2012年各省（区、市）雷电密度、雷暴日分布图

一、北京市

2012年北京市共发生闪电14 362次，其中正闪2 466次，负闪11 896次，每月雷电次数见表3.1和图3.1。由图和表可见，从3月份开始有零星雷电活动，6—7月是雷电高发期，其中6月雷电活动次数最多，8月和9月有少量雷电活动，1—3月和12月无雷电活动。

北京市雷电密度分布如图3.2所示，最高雷电密度为6.75次/(平方千米·年)。高密度区与2011年有所不同，2012年高密度区集中在北部地区密云县、平谷区和南部的房山区。中心城区一带雷电密度低于2011年。北京市雷暴日分布如图3.3所示，年雷暴日数最高为35天左右，较2011年减少5天左右，雷暴月数为8个月（雷暴总闪数≥5次，统计雷暴月数），高雷暴区域位于东北部平谷区域。

表 3.1　北京市 2012 年月雷电数统计表（单位：次）

月份	总闪数	正闪数	负闪数
1	0	0	0
2	0	0	0
3	1	0	1
4	696	457	239
5	1428	505	923
6	6053	1021	5032
7	4976	361	4615
8	390	9	381
9	780	98	682
10	15	1	14
11	23	14	9
12	0	0	0
合计	14362	2466	11896

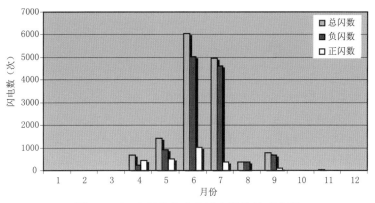

图 3.1　2012 年北京市月雷电数统计直方图

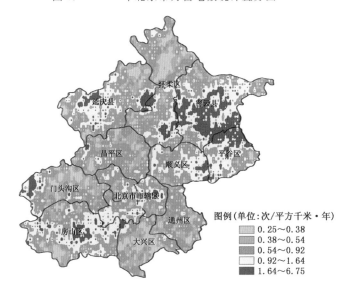

图 3.2　2012 年北京市雷电密度分布图

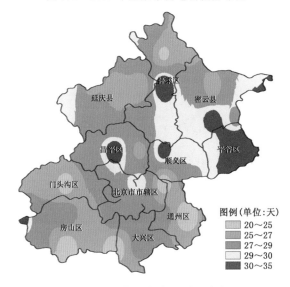

图 3.3　2012 年北京市雷暴日分布图

二、天津市

2012 年天津市共发生闪电 20 928 次,其中正闪 1 503 次,负闪 19 425 次,每月雷电次数见表 3.2 和图 3.4。由表和图可见,1—3 月无雷电活动,4—5 月雷电活动增多,6—7 月是雷电高发期,其中 7 月雷电活动次数最多,10 月雷电活动逐渐减少,12 月已无雷电活动。

天津市雷电密度分布如图 3.5 所示,最高雷电密度为 11.25 次/(平方千米·年),高于2011 年。分布趋势也略有不同,高密度区主要集中在天津中东部一带。天津市雷暴日分布如图 3.6 所示,年雷暴日数最高为 36 天,雷暴月数为 8 个月。

表 3.2　天津市 2012 年月雷电数统计表(单位:次)

月份	总闪数	正闪数	负闪数
1	0	0	0
2	0	0	0
3	0	0	0
4	306	186	120
5	801	152	649
6	8917	642	8275
7	9878	304	9574
8	328	27	301
9	626	136	490
10	24	18	6
11	48	38	10
12	0	0	0
合计	20928	1503	19425

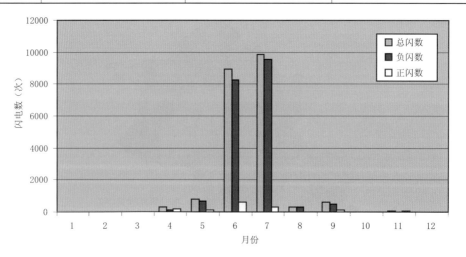

图 3.4　2012 年天津市月雷电数统计直方图

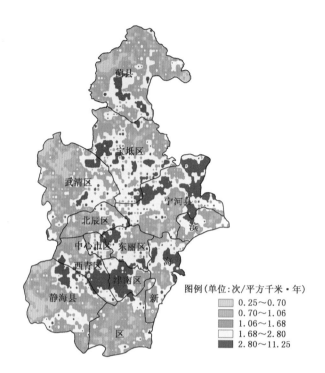

图 3.5　2012 年天津市雷电密度分布图

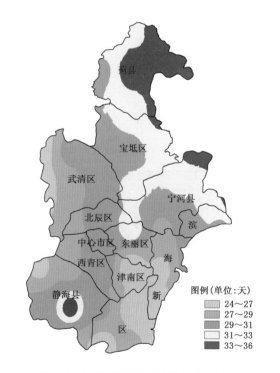

图 3.6　2012 年天津市雷暴日分布图

三、河北省

　　2012 年河北省共发生闪电 273 716 次,其中正闪 20 607 次,负闪 253 109 次,每月雷电次数见表 3.3 和图 3.7。由表和图可见,1—2 月无雷电活动,3 月份出现雷电活动,6—9 月是雷电高发期,其中 6—7 月份雷电活动次数较多,10 月雷电活动明显减少,到 11 月仅有少量的雷电活动,12 月基本无雷电活动。

　　河北省雷电密度分布如图 3.8 所示,高密度区主要分布在全省东部地区(唐山和秦皇岛),南部部分地区雷电密度也较高。最高雷电密度为 21.75 次/(平方千米·年),较 2011 年有所下降。河北省雷暴日分布如图 3.9 所示,年雷暴日数最高为 42 天,较 2011 年减少 5 天,雷暴月数为 9 个月。

表 3.3　河北省 2012 年月雷电数统计表(单位:次)

月份	总闪数	正闪数	负闪数
1	0	0	0
2	0	0	0
3	66	54	12
4	8860	2794	6066
5	8813	2902	5911
6	106390	7389	99001
7	105083	4779	100304
8	29633	911	28722
9	13789	1328	12461
10	673	205	468
11	408	245	163
12	1	0	1
合计	273716	20607	253109

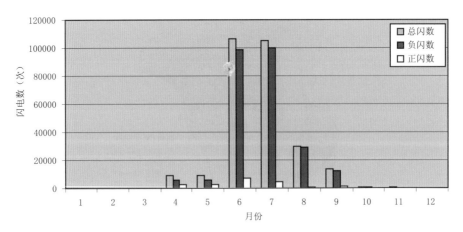

图 3.7　2012 年河北省月雷电数统计直方图

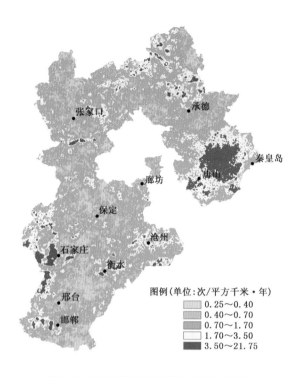

图 3.8 2012 年河北省雷电密度分布图

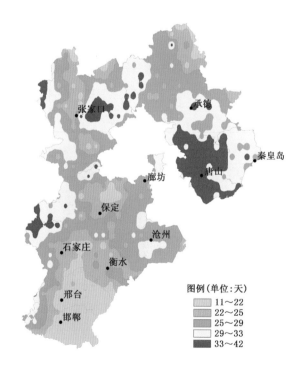

图 3.9 2012 年河北省雷暴日分布图

四、山西省

　　2012 年山西省共发生闪电 283 760 次,其中正闪 14 556 次,负闪 269 204 次。每月雷电次数见表 3.4 和图 3.10。由表和图可见,1—2 月份无雷电活动,3 月雷电活动开始渐多,6—8 月是雷电高发期,其中 7 月雷电活动最多,10—11 月有零星雷电活动,12 月无雷电活动。

　　山西省雷电密度分布如图 3.11 所示,高密度区集中在朔州、离石的西北部,阳泉东南部地区也有零散分布,最高雷电密度为 23.41 次/(平方千米·年),较 2011 年略有减少。山西省雷暴日分布如图 3.12 所示,年雷暴日数最高为 49 天,较 2011 年增加 12 天,雷暴月数为 9 个月。

表 3.4　山西省 2012 年月雷电数统计表(单位:次)

月份	总闪数	正闪数	负闪数
1	0	0	0
2	0	0	0
3	141	32	109
4	4946	1709	3237
5	12167	2227	9940
6	87909	5148	82761
7	136083	3530	132553
8	28669	409	28260
9	12430	1159	11271
10	1348	329	1019
11	67	13	54
12	0	0	0
合计	283760	14556	269204

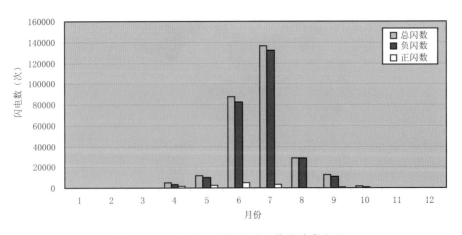

图 3.10　2012 年山西省月雷电数统计直方图

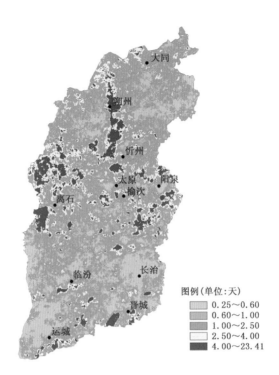

图 3.11 2012 年山西省雷电密度分布图

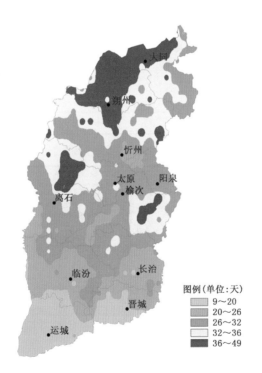

图 3.12 2012 年山西省雷暴日分布图

五、内蒙古自治区

2012 年内蒙古自治区共发生闪电 483 768 次,其中正闪 36 748 次,负闪 447 020 次。每月雷电次数见表 3.5 和图 3.13。由表和图可见,1—2 月份无雷电活动,3 月雷电活动开始渐多,6—8 月是雷电高发期,其中 7 月雷电活动最多,10—11 月有零星雷电活动,12 月无雷电活动。

内蒙古自治区雷电密度分布如图 3.14 所示,高密度区集中在呼和浩特、包头、集宁和东胜,海拉尔和加格达奇也有零散分布,最高雷电密度为 12.25 次/(平方千米·年)。内蒙古自治区雷暴日分布如图 3.15 所示,年雷暴日数最高为 46 天,雷暴月数为 9 个月。

表 3.5　内蒙古自治区 2012 年月雷电数统计表(单位:次)

月份	总闪数	正闪数	负闪数
1	0	0	0
2	0	0	0
3	7	5	2
4	4015	1697	2318
5	24932	4385	20547
6	153943	13300	140643
7	156998	8633	148365
8	107757	4651	103106
9	28427	2595	25832
10	7657	1475	6182
11	32	7	25
12	0	0	0
合计	483768	36748	447020

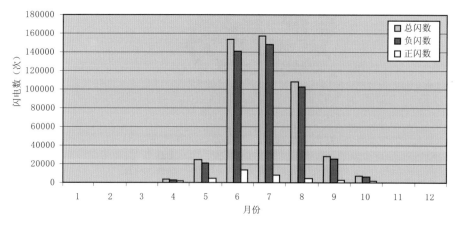

图 3.13　2012 年内蒙古自治区月雷电数统计直方图

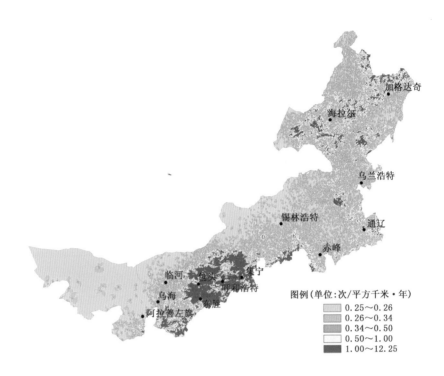

图 3.14　2012 年内蒙古自治区雷电密度分布图

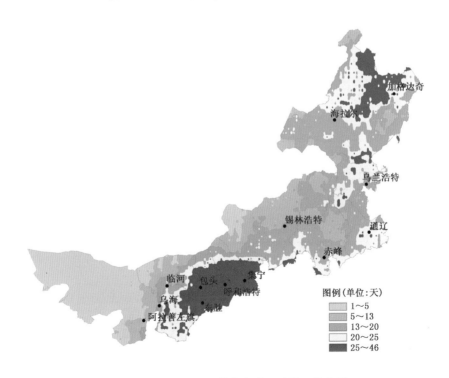

图 3.15　2012 年内蒙古自治区雷暴日分布图

六、辽宁省

2012年辽宁省共发生闪电155 559次,其中正闪16 402次,负闪139 157次,每月雷电次数见表3.6和图3.16。由表和图可见,1—2月无雷电活动,3月有少量雷电活动,4—5月雷电活动逐渐增多,6—7月和9月为雷电高发期,其中,6月雷电活动最为频繁,8月雷电活动大幅减少,10月雷电活动逐渐减少,11—12月有少量雷电活动。

辽宁省雷电密度分布如图3.17所示,高密度区分布在铁岭、丹东和大连等地区,最高雷电密度为9.75次/(平方千米·年),较2011年增加1次/(平方千米·年)。辽宁省雷暴日分布如图3.18所示,年雷暴日数最高为35天,比2011年增加3天,雷暴月数为8个月。

表 3.6　辽宁省 2012 年月雷电数统计表(单位:次)

月份	总闪数	正闪数	负闪数
1	0	0	0
2	0	0	0
3	3	2	1
4	3077	1716	1361
5	6701	1620	5081
6	87122	7455	79667
7	33219	2772	30447
8	2937	277	2660
9	17295	1196	16099
10	5080	1309	3771
11	123	55	68
12	2	0	2
合计	155559	16402	139157

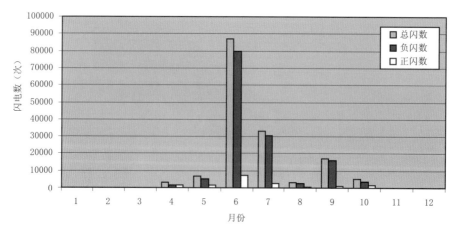

图 3.16　2012 年辽宁省月雷电数统计直方图

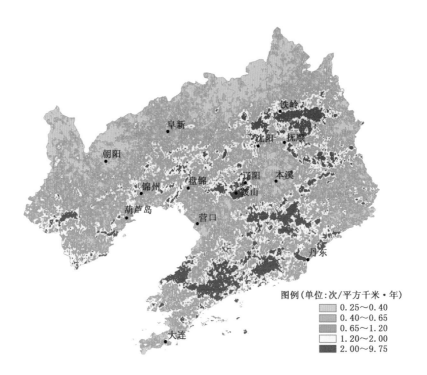

图 3.17 2012 年辽宁省雷电密度分布图

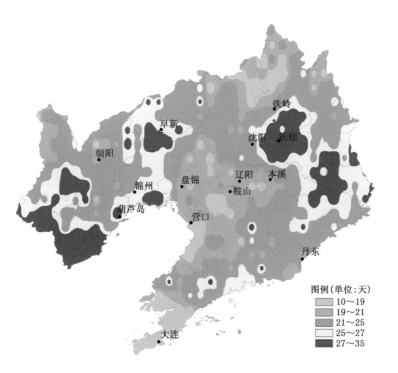

图 3.18 2012 年辽宁省雷暴日分布图

七、吉林省

2012 年吉林省共发生闪电 107 364 次,其中正闪 12 260 次,负闪 95 104 次,每月雷电次数见表 3.7 和图 3.19。由表和图可见,1—3 月有少量雷电活动,4 月雷电活动显著增多,5—9 月为雷电高发期,其中,6 月雷电活动次数最多,10 月雷电明显减少,11—12 月有零星雷电活动。

吉林省雷电密度分布如图 3.20 所示,雷电密度在西部和东部地区明显偏低。高密度区分布在长春、吉林(市)和辽源等地区,最高雷电密度为 11 次/(平方千米·年)。吉林省雷暴日分布如图 3.21 所示,年雷暴日数最高为 34 天,雷暴月数为 9 个月。

表 3.7　吉林省 2012 年月雷电数统计表(单位:次)

月份	总闪数	正闪数	负闪数
1	1	0	1
2	0	0	0
3	9	8	1
4	1538	584	954
5	8679	2415	6264
6	63576	4574	59002
7	13942	2349	11593
8	3650	402	3248
9	12282	1088	11194
10	3662	833	2829
11	21	4	17
12	4	3	1
合计	107364	12260	95104

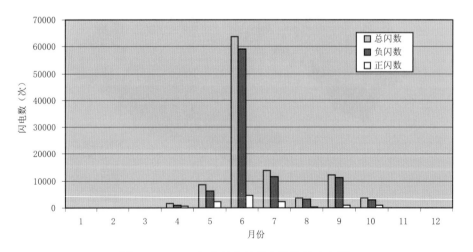

图 3.19　2012 年吉林省月雷电数统计直方图

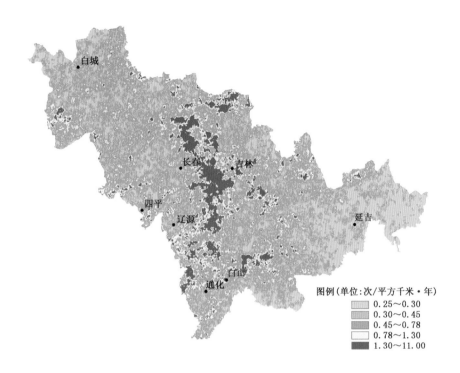

图 3.20 2012 年吉林省雷电密度分布图

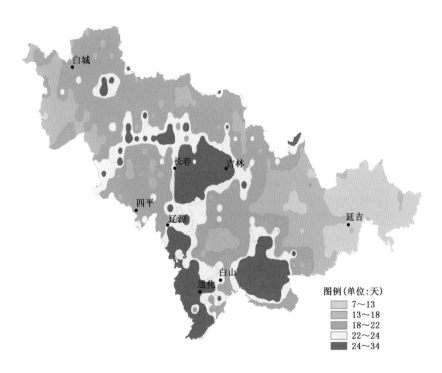

图 3.21 2012 年吉林省雷暴日分布图

八、黑龙江省

2012 年黑龙江省共发生闪电 257 333 次,其中正闪 23 684 次,负闪 233 649 次,与 2011 年相比,总闪数减少了 114 354 次。每月雷电次数见表 3.8 和图 3.22。由表和图可见,4—5 月份雷电活动逐渐增加,6—9 月是雷电高发期,其中 6 月雷电次数最多,10 月雷电活动又明显减少,11—12 月仍有少量的雷电活动。

黑龙江省雷电密度分布如图 3.23 所示,最高雷电密度为 8.75 次/(平方千米·年),低于 2011 年,高密度分布区较 2011 年不同,2011 年最高雷电密度分布比较零散,2012 年高密度区分布比较集中,主要集中在东北部和中南部地区。黑龙江省雷暴日分布如图 3.24 所示,年雷暴口数最高为 38 天,较 2011 年减少了 4 天,总雷暴月数为 10 个月。

表 3.8 黑龙江省 2012 年月雷电数统计表(单位:次)

月份	总闪数	正闪数	负闪数
1	3	0	3
2	0	0	0
3	9	7	2
4	1801	580	1221
5	7292	1801	5491
6	96587	10229	86358
7	75032	5031	70001
8	22429	1419	21010
9	47496	3830	43666
10	6656	774	5882
11	22	13	9
12	6	0	6
合计	257333	23684	233649

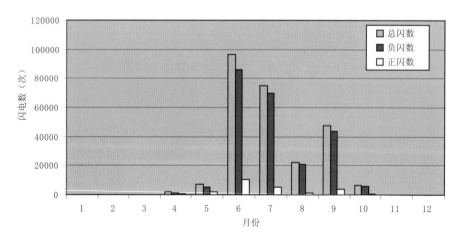

图 3.22 2012 年黑龙江省月雷电数统计直方图

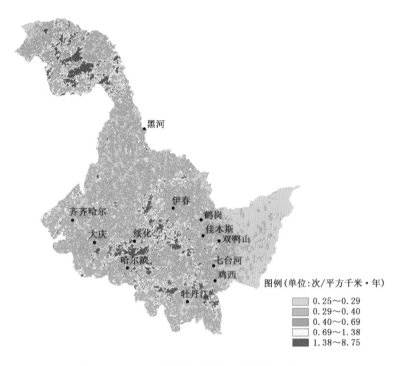

图例(单位:次/平方千米·年)
0.25~0.29
0.29~0.40
0.40~0.69
0.69~1.38
1.38~8.75

图 3.23　2012 年黑龙江省雷电密度分布图

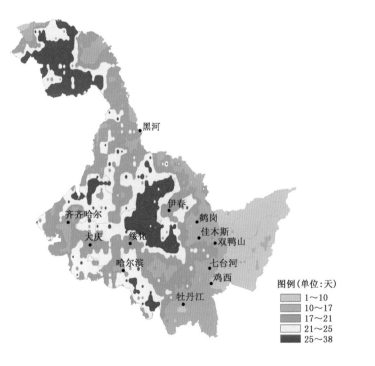

图例(单位:天)
1~10
10~17
17~21
21~25
25~38

图 3.24　2012 年黑龙江省雷暴日分布图

九、上海市

2012年上海市共发生闪电 26 896 次,其中正闪 502 次,负闪 26 394 次,每月雷电次数见表 3.9 和图 3.25。由图和表可见,2—6 月有零星雷电活动,7—9 月是雷电高发期,其中 8 月雷电活动次数最多,10 月和 12 月有少量雷电活动,1 月和 11 月无雷电活动。

上海市雷电密度分布如图 3.26 所示,最高雷电密度为 25.90 次/(平方千米·年),明显高于 2011 年,但分布趋势略有不同。高密度区分布在嘉定区、青浦区、宝山区以及崇明岛中部等地区。上海市雷暴日分布如图 3.27 所示,年雷暴日数最高为 32 天,较 2011 年减少 5 天,雷暴月数为 9 个月。

表 3.9　上海市 2012 年月雷电数统计表(单位:次)

月份	总闪数	正闪数	负闪数
1	0	0	0
2	19	9	10
3	107	46	61
4	305	51	254
5	0	0	0
6	445	10	435
7	5083	124	4959
8	14261	90	14171
9	6616	151	6465
10	46	16	30
11	0	0	0
12	14	5	9
合计	26896	502	26394

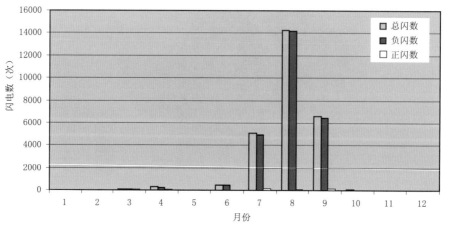

图 3.25　2012 年上海市月雷电数统计直方图

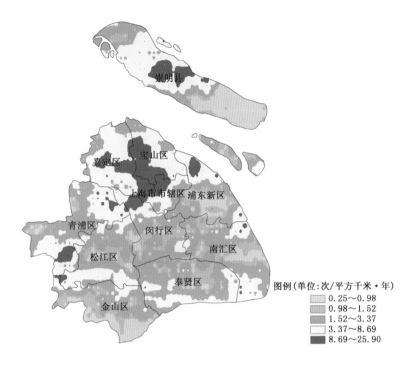

图 3.26 2012 年上海市雷电密度分布图

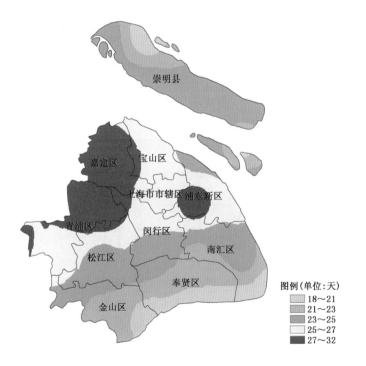

图 3.27 2012 年上海市雷暴日分布图

十、江苏省

　　2012 年江苏省共发生闪电 406 112 次，其中正闪 16 772 次，负闪 389 340 次，每月雷电次数见表 3.10 和图 3.28。由表和图可见，1 月无雷电活动，2 月出现零星雷电活动，3—4 月雷电活动骤然增多，5 月又有所减少，6—9 月是雷电高发期，10—12 月有少量雷电活动。其中，7 月雷电活动次数最多，有 207 373 次，占全年的一半以上。

　　江苏省雷电密度分布如图 3.29 所示，高密度区集中在淮阴、扬州、镇江、南京以及常州、无锡和苏州的部分地区，最高雷电密度为 43 次/（平方千米·年），与 2011 年大致持平。江苏省雷暴日分布如图 3.30 所示，年雷暴日数最高为 35 天，比 2011 年减少 12 天，雷暴月数为 11 个月。

表 3.10　江苏省 2012 年月雷电数统计表（单位：次）

月份	总闪数	正闪数	负闪数
1	0	0	0
2	57	29	28
3	2091	669	1422
4	2752	535	2217
5	478	142	336
6	14470	869	13601
7	207373	8527	198846
8	144047	3893	140154
9	30674	1486	29188
10	3689	308	3381
11	306	208	98
12	175	106	69
合计	406112	16772	389340

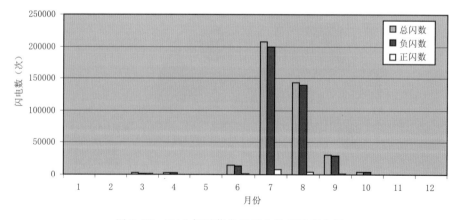

图 3.28　2012 年江苏省月雷电数统计直方图

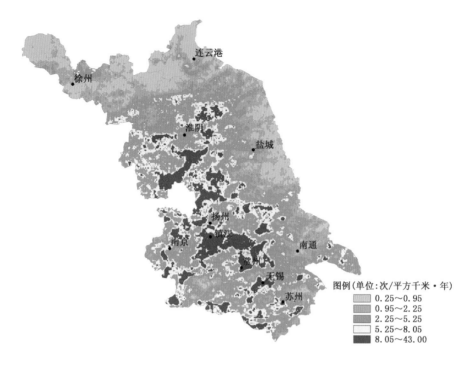

图 3.29 2012 年江苏省雷电密度分布图

图例(单位:次/平方千米·年)
　　0.25~0.95
　　0.95~2.25
　　2.25~5.25
　　5.25~8.05
　　8.05~43.00

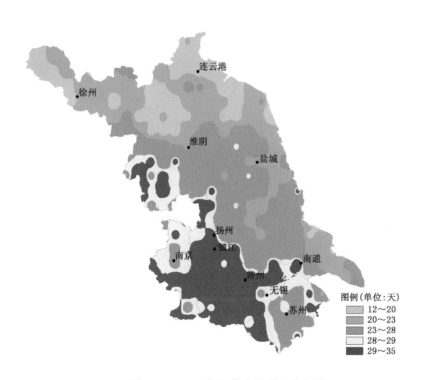

图 3.30 2012 年江苏省雷暴日分布图

图例(单位:天)
　　12~20
　　20~23
　　23~28
　　28~29
　　29~35

十一、浙江省

　　2012 年浙江省共发生闪电 351 070 次,其中正闪 14 211 次,负闪 336 859 次,每月雷电次数见表 3.11 和图 3.31。由表和图可见,1 月无雷电活动,2—3 月出现较多雷电活动,4 月出现小幅度上升,5 月相比 4 月雷电活动有所减弱,6—9 月是雷电高发期,其中 9 月份雷电活动次数最多,10 月雷电活动骤然减少,12 月雷电活动较 11 月有所增加。

　　浙江省雷电密度分布如图 3.32 所示,高密度区散布在全省各地区,主要集中在杭州、绍兴、湖州和衢州等地,最高雷电密度为 32.25 次/(平方千米·年),较 2011 年减少约43.75次/(平方千米·年)。浙江省雷暴日分布如图 3.33 所示,年雷暴日数最高为 65 天,比 2011 年增加 7 天,雷暴月数为 11 个月。

表 3.11　浙江省 2012 年月雷电数统计表(单位:次)

月份	总闪数	正闪数	负闪数
1	0	0	0
2	1532	399	1133
3	4534	1586	2948
4	10812	2836	7976
5	4500	606	3894
6	35394	1155	34239
7	90343	2133	88210
8	96207	1841	94366
9	105326	2956	102370
10	835	71	764
11	342	154	188
12	1245	474	771
合计	351070	14211	336859

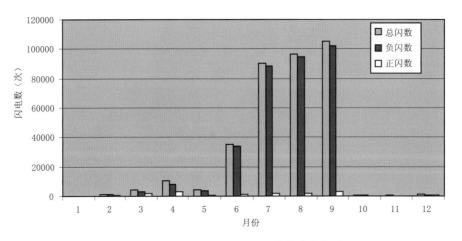

图 3.31　2012 年浙江省月雷电数统计直方图

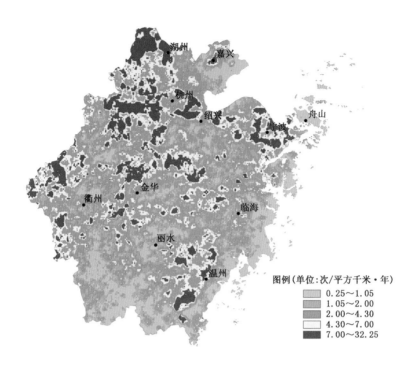

图 3.32 2012 年浙江省雷电密度分布图

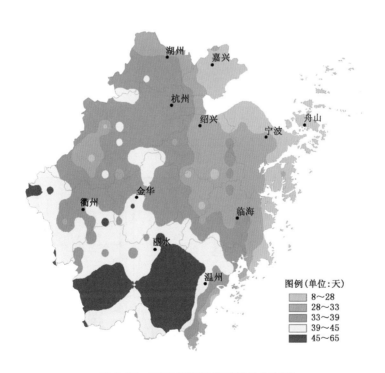

图 3.33 2012 年浙江省雷暴日分布图

十二、安徽省

　　2012年安徽省共发生闪电446 791次,其中正闪19 128次,负闪427 663,每月雷电次数见表3.12和图3.34。由表和图可见,1月无雷电活动,2月开始有少量雷电活动,3—4月雷电活动明显增多,5月雷电活动次数较4月份有所减少。6—10月是雷电高发期,11—12月雷电活动有所减少,其中8月雷电活动次数最多。

　　安徽省雷电密度分布如图3.35所示,高密度区主要分布在安徽省东南部,而西北部地区雷电密度较低,高密度区集中在铜陵、滁州、马鞍山、芜湖、铜陵和宣州等地区,最高雷电密度为36次/(平方千米·年)。安徽省雷暴日分布如图3.36所示,年雷暴日数最高为45天,比2011年减少7天,雷暴月数为11个月。

表 3.12　安徽省 2012 年月雷电数统计表(单位:次)

月份	总闪数	正闪数	负闪数
1	0	0	0
2	950	219	731
3	9219	1459	7760
4	4727	1305	3422
5	3441	704	2737
6	29016	1193	27823
7	127900	4991	122909
8	183242	4993	178249
9	74649	3288	71361
10	13134	706	12428
11	71	40	31
12	442	230	212
总数	446791	19128	427663

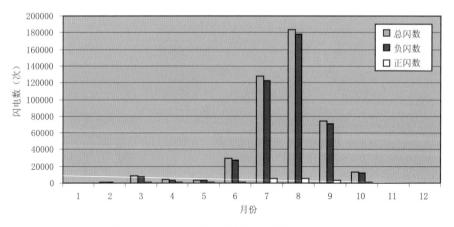

图 3.34　2012 年安徽省月雷电数统计直方图

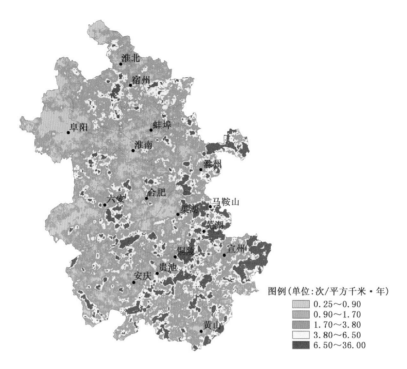

图 3.35　2012 年安徽省雷电密度分布图

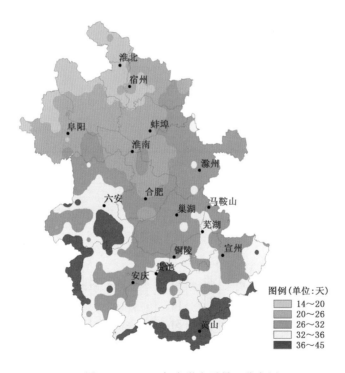

图 3.36　2012 年安徽省雷暴日分布图

十三、福建省

2012 年福建省共发生闪电 404 647 次,其中正闪 15 490 次,负闪 389 157 次,每月雷电次数见表 3.13 和图 3.37。由表和图可见,1 月份有零星雷电活动,2-3 月开始有雷电活动,4 月雷电活动逐渐增多,4-9 月是雷电高发期,其中,7 月雷电活动次数最多,10 月雷电明显减少,11 月较 10 月雷电活动有所增加,12 月仍有少量雷电活动。

福建省雷电密度分布如图 3.38 所示,高密度区主要位于泉州以西、龙岩以北等地区,最高雷电密度为 34.5 次/(平方千米·年),与 2011 年近似持平。福建省雷暴日分布如图 3.39 所示,年雷暴日数最高为 71 天,比 2011 年增加了 9 天,雷暴月数为 11 个月。

表 3.13　福建省 2012 年月雷电数统计表(单位:次)

月份	总闪数	正闪数	负闪数
1	1	1	0
2	1236	445	791
3	3992	1212	2780
4	56434	4853	51581
5	53658	2860	50798
6	53516	1566	51950
7	102688	1863	100825
8	45067	1079	43988
9	87121	1233	85888
10	16	7	9
11	703	276	427
12	215	95	120
合计	404647	15490	389157

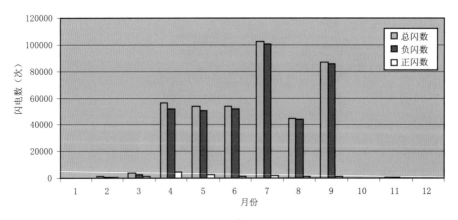

图 3.37　2012 年福建省月雷电数统计直方图

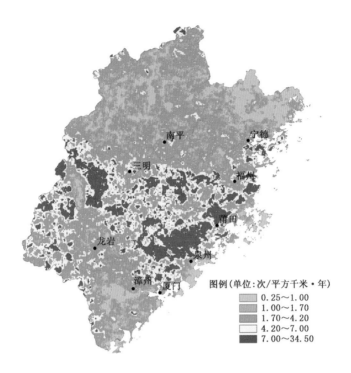

图 3.38 2012 年福建省雷电密度分布图

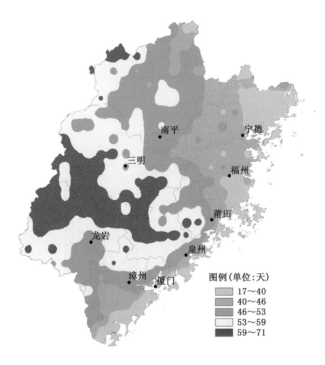

图 3.39 2012 年福建省雷暴日分布图

十四、江西省

2012 年江西省共发生闪电 607 742 次,其中正闪 26 335 次,负闪 581 407 次,每月雷电发生次数见表 3.14 和图 3.40。由表和图可见,1 月出现少量雷电活动,2 月雷电活动骤然增加,3—9 月份为雷电高发期,其中,9 月份雷电活动最为频繁,10 月雷电活动骤然减少,10—12 月有部分雷电活动。

江西省雷电密度分布如图 3.41 所示,高密度区集中在东部,西北部地区密度较低。高密度区主要在上饶、赣州和临川等地。最高雷电密度为 30.25 次/(平方千米·年),较 2011 年有所减少。江西省雷暴日分布如图 3.42 所示,年雷暴日数最高为 69 天,与 2011 年相比增加了 6 天,雷暴月数为 12 个月。

表 3.14　江西省 2012 年月雷电数统计表(单位:次)

月份	总闪数	正闪数	负闪数
1	20	3	17
2	4956	1048	3908
3	22754	3257	19497
4	101712	7867	93845
5	60383	3719	56664
6	99871	2557	97314
7	105114	2427	102687
8	96166	2176	93990
9	112909	1985	110924
10	720	124	596
11	1573	704	869
12	1564	468	1096
合计	607742	26335	581407

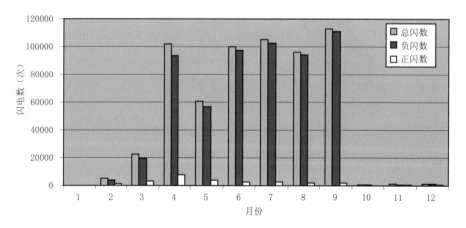

图 3.40　2012 年江西省月雷电数统计直方图

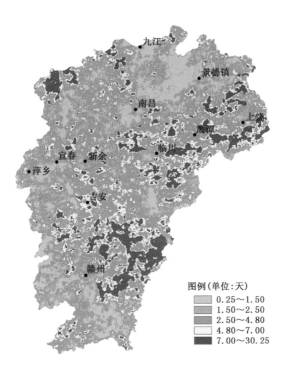

图 3.41　2012 年江西省雷电密度分布图

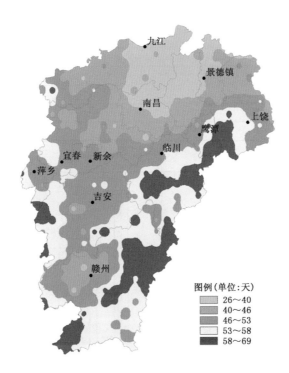

图 3.42　2012 年江西省雷暴日分布图

十五、山东省

2012年山东省共发生闪电181 208次,其中正闪11 426次,负闪169 782次,每月雷电次数见表3.15和图3.43。由表和图可见,1月无雷电活动,2月开始有少量雷电活动,3—4月雷电活动逐渐增多,6—9月是雷电高发期,其中7月份雷电活动次数最多,10—11月雷电活动减少,12月有零星雷电活动。

山东省雷电密度分布如图3.44所示,西部地区雷电密度明显高于东部地区。高密度区主要在济南、滨州、东营、泰安和淄博等地区,最高雷电密度为14.7次/(平方千米·年),比2011年减少17.8次/(平方千米·年)。山东省雷暴日分布如图3.45所示,年雷暴日数最高为34天,雷暴月数为10个月。

表 3.15　山东省 2012 年月雷电数统计表(单位:次)

月份	总闪数	正闪数	负闪数
1	0	0	0
2	4	1	3
3	241	128	113
4	481	115	366
5	3287	1075	2212
6	27769	3361	24408
7	78618	3539	75079
8	56438	1379	55059
9	14011	1613	12398
10	175	88	87
11	175	124	51
12	9	3	6
合计	181208	11426	169782

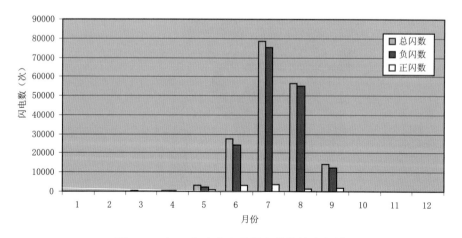

图 3.43　2012 年山东省月雷电数统计直方图

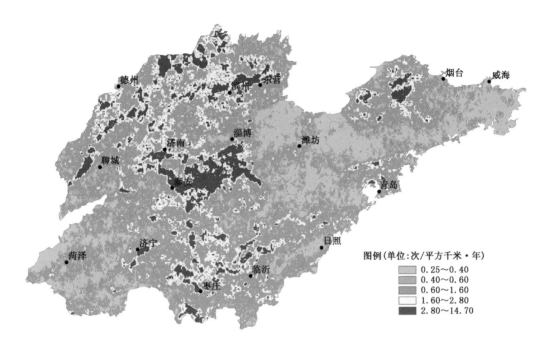

图 3.44　2012 年山东省雷电密度分布图

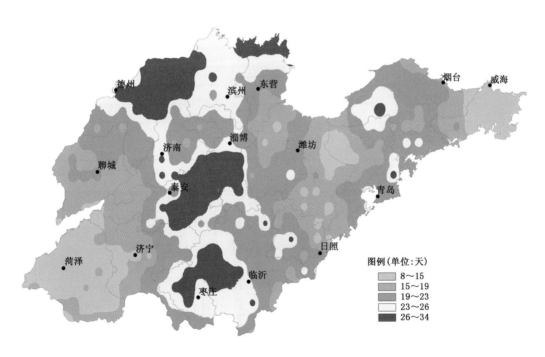

图 3.45　2012 年山东省雷暴日分布图

十六、河南省

2012 年河南省共发生闪电 207 760 次，其中正闪 9 478 次，负闪 198 282 次。每月雷电次数见表 3.16 和图 3.46。由表和图可见，1—2 月无雷电活动，3 月雷电活动明显增加，4—5 月雷电活动有所减少，6—9 月为雷电高发期，其中 7 月雷电活动次数最高，10 月雷电活动逐渐减少，11—12 月有零星雷电活动。

河南省雷电密度分布如图 3.47 所示，高密度区分布在河南南部地区，包括信阳南部、信阳中东部、漯河东部和驻马店东南部，最高雷电密度为 23.41 次/（平方千米·年），较 2011 年减少 7.26 次/（平方千米·年）。河南省雷暴日分布如图 3.48 所示，年雷暴日数最高为 42 天，较 2011 年增加 4 天，雷暴月数为 10 个月。

表 3.16　河南省 2012 年月雷电数统计表（单位：次）

月份	总闪数	正闪数	负闪数
1	0	0	0
2	1	0	1
3	12110	677	11433
4	4800	879	3921
5	1125	242	883
6	14632	1008	13624
7	101718	3245	98473
8	42955	1441	41514
9	26451	1673	24778
10	3850	283	3567
11	109	27	82
12	9	3	6
合计	207760	9478	198282

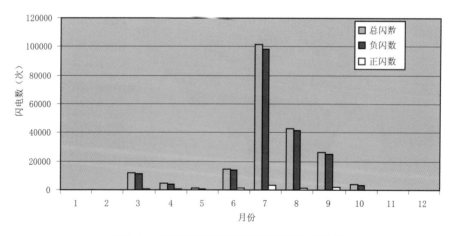

图 3.46　2012 年河南省月雷电数统计直方图

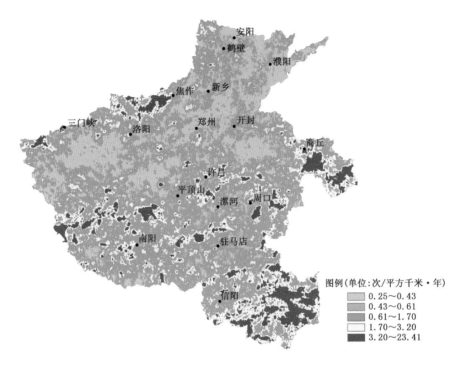

图 3.47　2012 年河南省雷电密度分布图

图例(单位:次/平方千米·年)
0.25~0.43
0.43~0.61
0.61~1.70
1.70~3.20
3.20~23.41

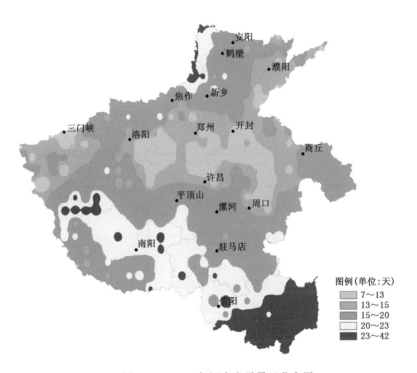

图 3.48　2012 年河南省雷暴日分布图

图例(单位:天)
7~13
13~15
15~20
20~23
23~42

十七、湖北省

2012 年湖北省共发生闪电 492 694 次,其中正闪 22 665 次,负闪 470 029 次,每月雷电次数见表 3.17 和图 3.49。由表和图可见,1 月开始有少量雷电活动,2 月雷电活动逐渐增多,4—10 月是雷电高发期,其中 8 月雷电活动次数最多,11 月雷电活动开始减少,12 月有少量的雷电活动。

湖北省雷电密度分布如图 3.50 所示,高密度区分散在宜昌、荆门和湖北省的东部地区。最高雷电密度为 35.25 次/(平方千米·年),较 2011 年增加约 8.5 次/(平方千米·年)。湖北省雷暴日分布如图 3.51 所示,年雷暴日数最高为 55 天,较 2011 年增加 13 天,雷暴月数为 12 个月。

表 3.17　湖北省 2012 年月雷电数统计表(单位:次)

月份	总闪数	正闪数	负闪数
1	24	3	21
2	820	102	718
3	9182	928	8254
4	27582	4135	23447
5	25697	1831	23866
6	18768	804	17964
7	144990	4792	140198
8	185781	5984	179797
9	61272	2958	58314
10	15568	836	14732
11	2871	238	2633
12	139	54	85
合计	492694	22665	470029

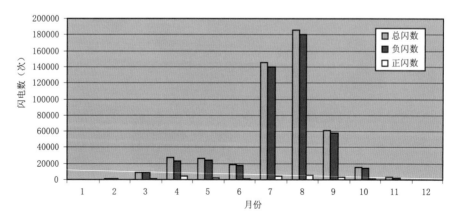

图 3.49　2012 年湖北省月雷电数统计直方图

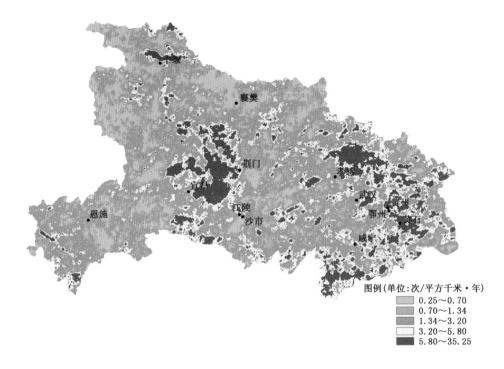

图 3.50　2012 年湖北省雷电密度分布图

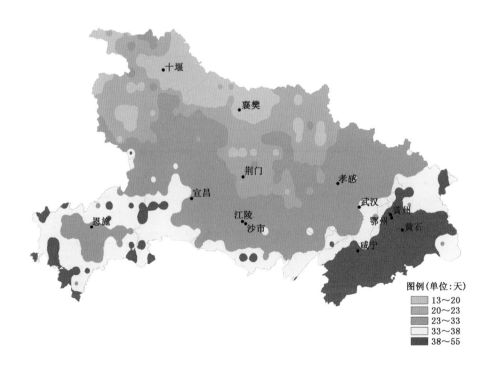

图 3.51　2012 年湖北省雷暴日分布图

十八、湖南省

　　2012 年湖南省共发生闪电 514 833 次,其中正闪 21 685 次,负闪 493 148 次。每月雷电次数见表 3.18 和图 3.52。由表和图可见,1 月开始有少量雷电活动,2 月雷电活动开始增多,4—9 月为雷电高发期,其中 7 月雷电活动次数最多,10 月雷电活动急剧减少,11—12 月有少量雷电活动。

　　湖南省雷电密度分布如图 3.53 所示,高密度区分布在郴州、岳阳及长沙和益阳的东部,最高雷电密度为 30 次/(平方千米·年),较 2011 年增加约 1 次/(平方千米·年)。湖南省雷暴日分布如图 3.54 所示,年雷暴日数最高为 70 天,较 2011 年增加 7 天,雷暴月数为 12 个月。

表 3.18　湖南省 2012 年月雷电数统计表(单位:次)

月份	总闪数	正闪数	负闪数
1	37	8	29
2	3487	513	2974
3	16809	2023	14786
4	67606	5447	62159
5	56236	3908	52328
6	55113	1933	53180
7	167359	3179	164180
8	87071	2836	84235
9	57640	1205	56435
10	589	54	535
11	2476	403	2073
12	410	176	234
合计	514833	21685	493148

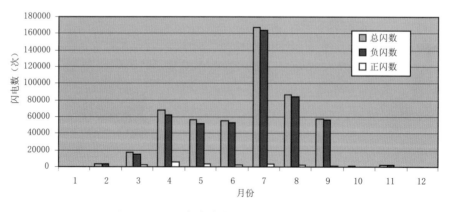

图 3.52　2012 年湖南省月雷电数统计直方图

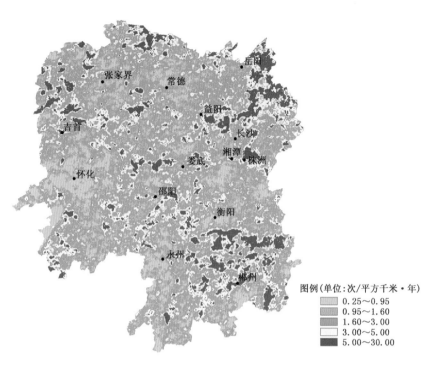

图 3.53　2012 年湖南省雷电密度分布图

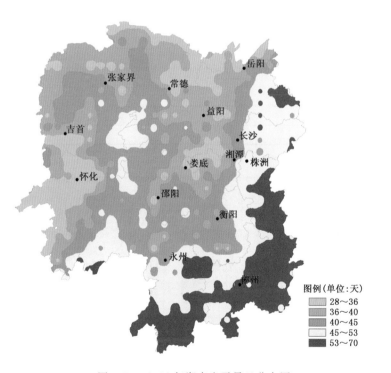

图 3.54　2012 年湖南省雷暴日分布图

十九、广东省

2012 年广东省共发生闪电 1 030 935 次,其中正闪 38 922 次,负闪 992 013 次,每月雷电次数见表 3.19 和图 3.55。由表和图可见,1 月有零星雷电活动,2—3 月雷电活动开始活妖,4 月雷电活动骤然增多,4—9 月是雷电高发期,其中,5 月份雷电活动次数最多,10 月雷电活动骤然减少,12 月仅有少量的雷电活动。

广东省雷电密度分布如图 3.56 所示,高密度区主要集中在中部,分布在广州、清远、肇庆、东莞、江门、云浮、深圳和惠州等地。最高雷电密度为 65.75 次/(平方千米·年),较 2011 年增加了 17.5 次/(平方千米·年)。广东省雷暴日分布如图 3.57 所示,年雷暴日数最高为 97 天,较 2011 年增加了 20 天,雷暴月数为 11 个月。

表 3.19 广东省 2012 年月雷电数统计表(单位:次)

月份	总闪数	正闪数	负闪数
1	1	0	1
2	735	328	407
3	1812	903	909
4	200871	12670	188201
5	238657	7699	230958
6	149958	5587	144371
7	168971	3876	165095
8	125287	4979	120308
9	141250	2534	138716
10	277	33	244
11	3099	300	2799
12	17	13	4
合计	1030935	38922	992013

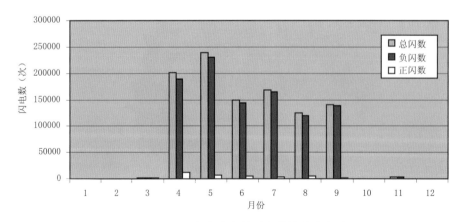

图 3.55 2012 年广东省月雷电数统计直方图

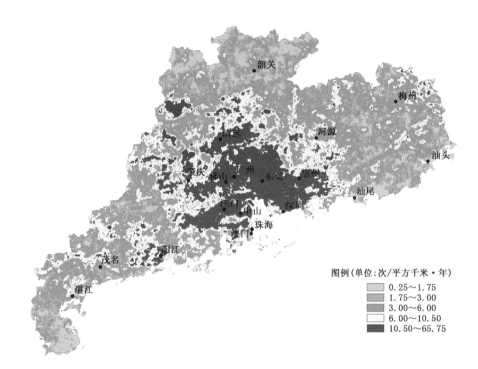

图 3.56　2012 年广东省雷电密度分布图

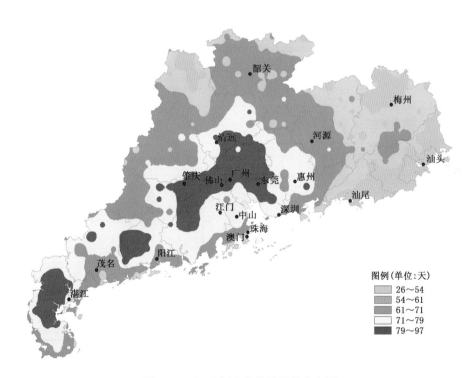

图 3.57　2012 年广东省雷暴日分布图

二十、广西壮族自治区

2012 年广西壮族自治区共发生闪电 622 493 次,其中正闪 28 197 次,负闪 594 296 次,每月雷电次数见表 3.20 和图 3.58。由表和图可见,1 月开始有少量雷电活动,2—3 月雷电活动明显增加,4—9 月是雷电高发期,其中 6 月雷电活动次数最多,10—12 月雷电活动逐渐减少。全年雷电总数较 2011 年增加 189 967 次,雷电活动高发期与 2011 年相同。

广西壮族自治区雷电密度分布如图 3.59 所示,高密度区分布在百色、梧州、桂林和玉林等地区。最高雷电密度为 42 次/(平方千米·年),较 2011 年增加了约 16 次/(平方千米·年)。广西壮族自治区雷暴日分布如图 3.60 所示,年雷暴日数最高为 91 天,比 2011 年增加了 21 天,雷暴月数为 12 个月。

表 3.20　广西壮族自治区 2012 年月雷电数统计表(单位:次)

月份	总闪数	正闪数	负闪数
1	9	8	1
2	2709	441	2268
3	7471	1817	5654
4	50072	4677	45395
5	141771	6327	135444
6	154397	5912	148485
7	129630	3321	126309
8	80203	3385	76818
9	53163	1418	51745
10	860	155	705
11	751	49	702
12	1457	687	770
合计	622493	28197	594296

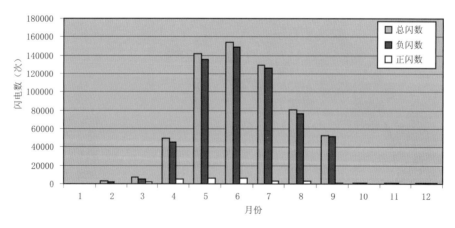

图 3.58　2012 年广西壮族自治区月雷电数统计直方图

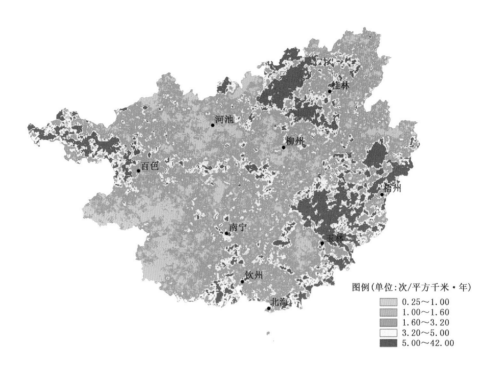

图 3.59　2012 年广西壮族自治区雷电密度分布图

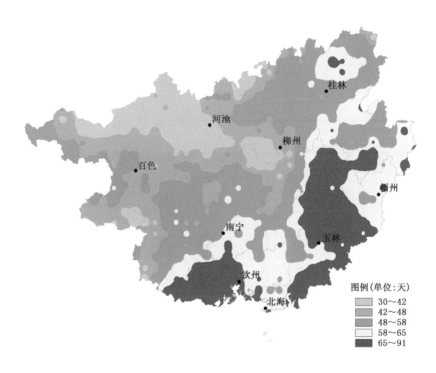

图 3.60　2012 年广西壮族自治区雷暴日分布图

二十一、海南省

　　2012 年海南省共发生闪电 165 678 次,其中正闪 8 745 次,负闪 156 933 次,每月雷电发生次数见表 3.21 和图 3.61。由表和图可见,1—3 月有零星雷电活动,4—9 月份是雷电活动高发期,其中 5 月份雷电活动次数最多,10—11 月份雷电活动逐渐减少,12 月份有零星雷电活动。

　　海南省雷电密度分布如图 3.62 所示,高密度区集中在海南岛的中北部地区,最高雷电密度为 28.25 次/(平方千米·年),比 2011 年减少约 10 次/(平方千米·年)。海南省雷暴日分布如图 3.63 所示,年雷暴日数最高为 117 天,较 2011 年增加了 29 天,雷暴月数为 10 个月。

表 3.21　海南省 2012 年月雷电数统计表(单位:次)

月份	总闪数	正闪数	负闪数
1	0	0	0
2	9	4	5
3	5	1	4
4	23559	1096	22463
5	38478	1928	36550
6	19385	1119	18266
7	28545	1722	26823
8	36776	2063	34713
9	17806	725	17081
10	739	71	668
11	375	15	360
12	1	1	0
总数	165678	8745	156933

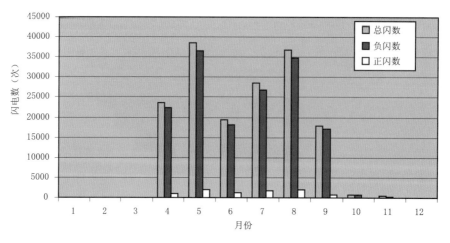

图 3.61　2012 年海南省月雷电数统计直方图

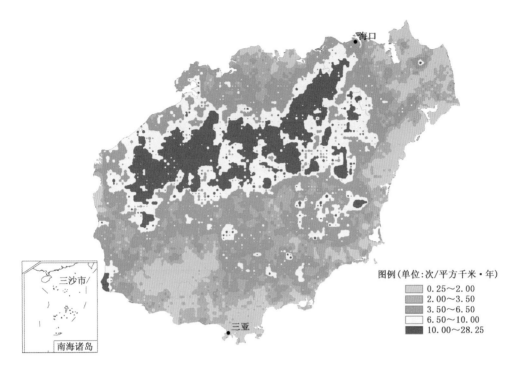

图 3.62 2012 年海南省雷电密度分布图

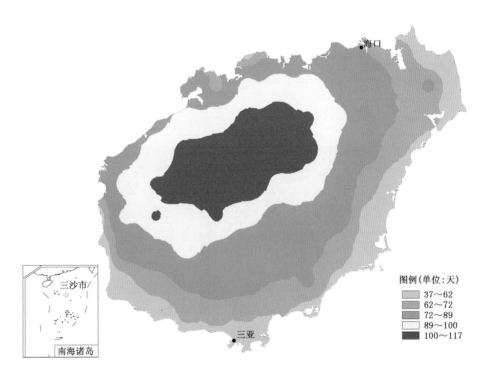

图 3.63 2012 年海南省雷暴日分布图

二十二、重庆市

　　2012 年重庆市共发生闪电 219 376 次,其中正闪 9 056 次,负闪 210 320 次,每月雷电次数见表 3.22 和图 3.64。由表和图可见,1—2 月有零星雷电活动,3 月雷电活动逐渐增多,4—9 月是雷电高发期,其中 7 月雷电活动次数最多。11 月仍有较多雷电活动,但相比雷电高发期数量明显减少,10 月和 12 月有零星雷电活动。

　　重庆市雷电密度分布如图 3.65 所示,高密度区较 2011 年集中,集中在重庆市西部、中部偏北地区,最高雷电密度为 40 次/(平方千米·年),较 2011 年增加 16.5 次/(平方千米·年)。此外,中东部地区存在一些零散的高值区。重庆雷暴日分布如图 3.66 所示,年雷暴日数最高为 48 天,雷暴月数为 11 个月。

表 3.22　重庆市 2012 年月雷电数统计表(单位:次)

月份	总闪数	正闪数	负闪数
1	4	0	4
2	394	14	380
3	3274	336	2938
4	27934	1426	26508
5	17581	1754	15827
6	25859	543	25316
7	80847	2046	78801
8	34840	989	33851
9	18620	1618	17002
10	1046	30	1016
11	8969	300	8669
12	8	0	8
合计	219376	9056	210320

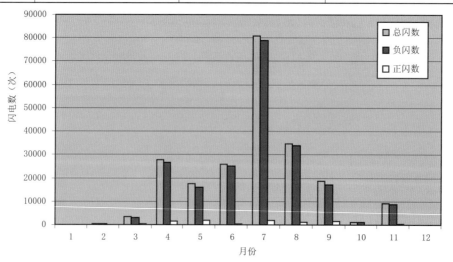

图 3.64　2012 年重庆市月雷电数统计直方图

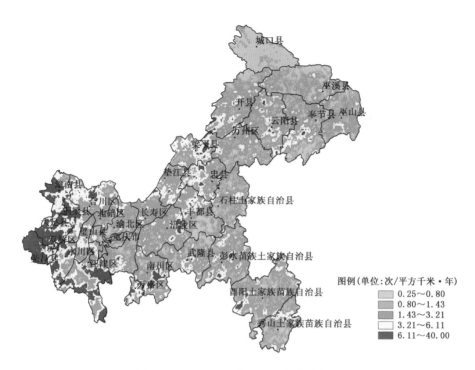

图 3.65　2012 年重庆市雷电密度分布图

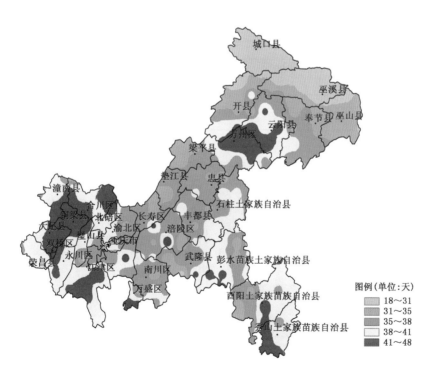

图 3.66　2012 年重庆市雷暴日分布图

二十三、四川省

2012 年四川省共发生闪电 796 851 次,其中正闪 33 007 次,负闪 763 844 次。每月雷电次数见表 3.23 和图 3.67。由表和图可见,1—3 月开始有少量雷电活动,4—9 月是雷电高发期,其中 7 月份雷电次数最多,10 月份雷电活动明显减少,12 月没有雷电活动。四川省全年雷电活动数量较多,主要集中在雷电高发期。

四川省雷电密度分布如图 3.68 所示,高密度区主要集中在东部地区,雅安和乐山的交界处,攀枝花西部也有零星分布,最高雷电密度为 36 次/(平方千米·年),较 2011 年最高雷电密度减少约 22 次/(平方千米·年)。四川省雷暴日分布如图 3.69,年雷暴日数最高为 81 天,较 2011 年减少了 8 天,雷暴月数为 11 个月。

表 3.23　四川省 2011 年月雷电数统计表(单位:次)

月份	总闪数	正闪数	负闪数
1	39	17	22
2	10	2	8
3	2107	197	1910
4	32653	1542	31111
5	53011	3035	49976
6	52177	3197	48980
7	281481	10569	270912
8	248675	7320	241355
9	121145	6423	114722
10	2877	620	2257
11	2676	85	2591
12	0	0	0
合计	796851	33007	763844

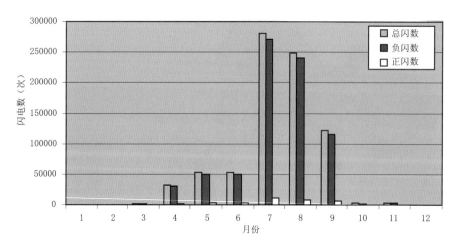

图 3.67　2012 年四川省月雷电数统计直方图

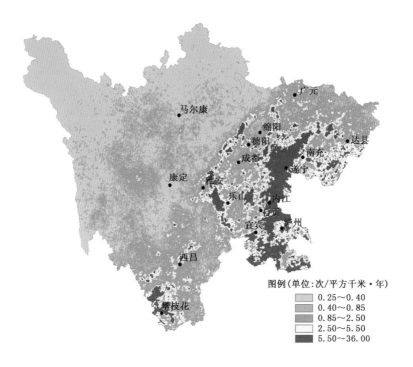

图 3.68　2012 年四川省雷电密度分布图

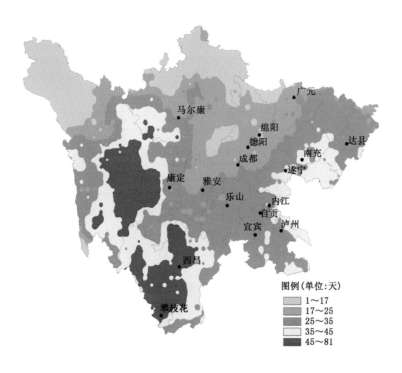

图 3.69　2012 年四川省雷暴日分布图

二十四、贵州省

2012 年贵州省共发生闪电 505 866 次，其中正闪 18 275 次，负闪 487 591 次，总闪数较 2011 年减少 4 266 次，每月雷电次数见表 3.24 和图 3.70。由表和图可见，1 月开始有少量雷电活动，2—3 月雷电活动逐渐增多，4—9 月是雷电高发期，其中 5 月雷电活动次数最多，10 月和 12 月只有少量雷电活动，11 月雷电活动明显多于 10 月。

贵州省雷电密度分布如图 3.71 所示，高密度区主要在遵义、毕节、六盘水、贵阳及安顺等地，最高雷电密度为 50.5 次/（平方千米·年），较 2011 年增加约 20 次/（平方千米·年）。贵州省雷暴日分布如图 3.72 所示，年雷暴日数最高为 65 天，比 2011 年增加 13 天，雷暴月数为 12 个月。

表 3.24 　贵州省 2011 年月雷电数统计表（单位：次）

月份	总闪数	正闪数	负闪数
1	36	14	22
2	872	31	841
3	4386	882	3504
4	46588	2891	43697
5	144305	5217	139088
6	58213	2373	55840
7	129945	3874	126071
8	106167	1939	104228
9	12750	856	11894
10	97	26	71
11	2409	168	2241
12	98	4	94
合计	505866	18275	487591

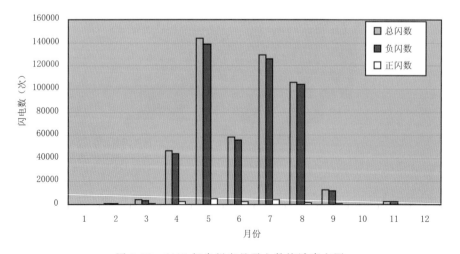

图 3.70 　2012 年贵州省月雷电数统计直方图

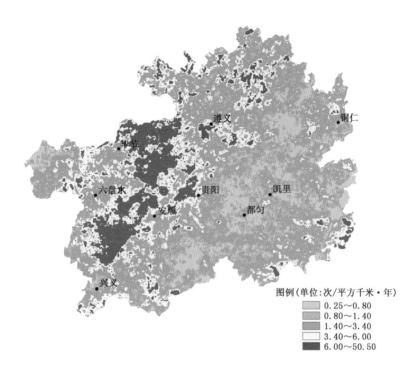

图 3.71 2012 年贵州省雷电密度分布图

图例(单位:次/平方千米・年)
0.25~0.80
0.80~1.40
1.40~3.40
3.40~6.00
6.00~50.50

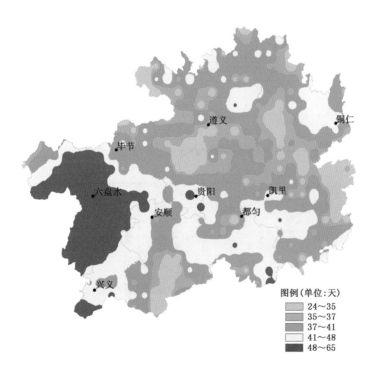

图 3.72 2012 年贵州省雷暴日分布图

图例(单位:天)
24~35
35~37
37~41
41~48
48~65

二十五、云南省

2012年云南省共发生闪电666 383次,其中正闪26 237次,负闪640 146次,每月雷电次数见表3.25和图3.73。由表和图可见,1—2月有较少的雷电活动,3—4月雷电活动逐渐增多,5—9月是雷电高发期,其中8月雷电活动最为频繁,10月雷电活动开始减弱,11—12月只有少量雷电活动。云南省全年雷电活动频繁,主要集中在5—10月,这段时间发生的雷电次数占该区域全年雷电总数的89%以上。

云南省雷电密度分布如图3.74所示,高密度区与2011年基本相同,主要在昭通东部、东川、曲靖、昆明、玉溪、楚雄、丽江东南部及云南南部部分零散地区。最高雷电密度为28次/(平方千米·年)。与2011年大致持平。云南省雷暴日分布如图3.75所示,年雷暴日数最高为70天,较2011年减少了19天,雷暴月数为12个月。

表 3.25 云南省 2012 年月雷电数统计表(单位:次)

月份	总闪数	正闪数	负闪数
1	900	497	403
2	276	80	196
3	2998	1362	1636
4	6429	1756	4673
5	70975	2380	68595
6	75862	3963	71899
7	106554	4762	101792
8	300278	6633	293645
9	89251	3511	85740
10	10504	714	9790
11	1294	272	1022
12	1062	307	755
总数	666383	26237	640146

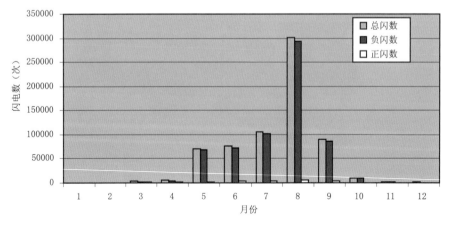

图 3.73 2012 年云南省月雷电数统计直方图

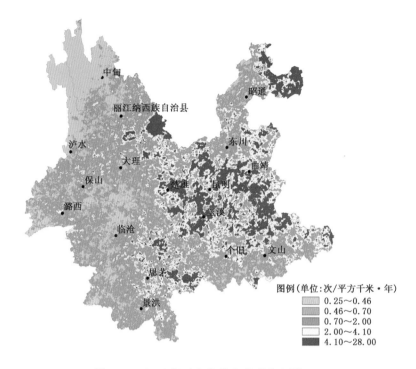

图 3.74 2012 年云南省雷电密度分布图

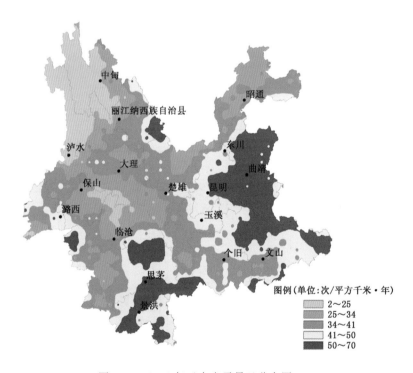

图 3.75 2012 年云南省雷暴日分布图

二十六、西藏自治区

2012 年西藏自治区共发生闪电 38 108 次,其中正闪 3 090 次,负闪 35 018 次,每月雷电发生次数见表 3.26 和图 3.76。由表和图可见,1—3 月有零星雷电活动,4 月雷电活动逐渐增多,4—10 月是雷电高发期,其中,7 月份雷电活动次数最多,11 月雷电活动骤然减少,12 月有零星雷电活动。

西藏自治区雷电密度分布如图 3.77 所示,高密度区集中在昌都、那曲以及拉萨,最高雷电密度为 3.75 次/(平方千米•年)。西藏自治区雷暴日分布如图 3.78 所示,年雷暴日数最高为59 天,雷暴月数为 11 个月。

表 3.26　西藏自治区 2012 年月雷电数统计表(单位:次)

月份	总闪数	正闪数	负闪数
1	29	16	13
2	39	23	16
3	77	58	19
4	187	60	127
5	370	60	310
6	8059	644	7415
7	14795	1069	13726
8	9588	712	8876
9	4543	352	4191
10	380	65	315
11	1	0	1
12	40	31	9
总数	38108	3090	35018

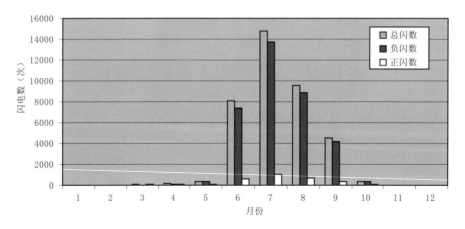

图 3.76　2012 年西藏自治区月雷电数统计直方图

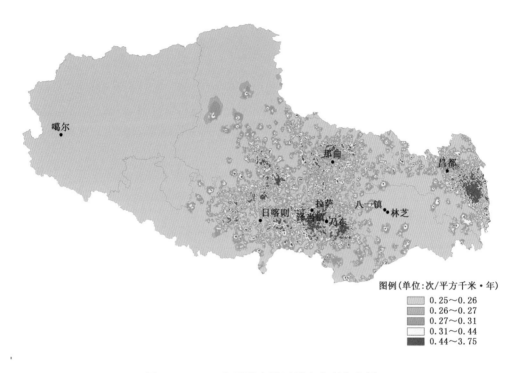

图 3.77 2012 年西藏自治区雷电密度分布图

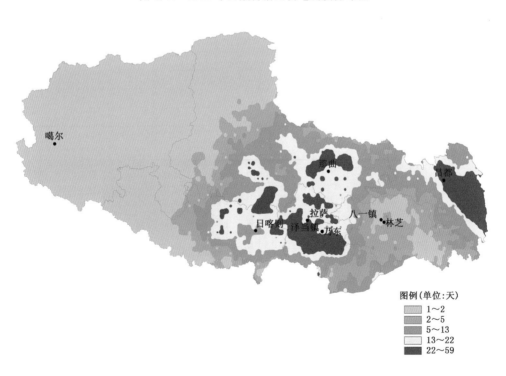

图 3.78 2012 年西藏自治区雷暴日分布图

二十七、陕西省

2012 年陕西省共发生闪电 171 809 次,其中正闪 9281 次,负闪 162 528 次,较 2011 年减少了 21 788 次。每月雷电次数见表 3.27 和图 3.79。由表和图可见,1—2 月没有雷电活动,3 月份开始有雷电活动,4—9 月是雷电高发期,7 月雷电活动最频繁,10—11 月雷电活动减少,12 月没有雷电活动。

陕西省雷电密度分布如图 3.80 所示,高密度区比较集中,主要集中在榆林东南部,延安中部,最高雷电密度为 18 次/(平方千米·年),较 2011 年略有增加。陕西省雷暴日分布如图 3.81 所示,年雷暴日数最高为 44 天,与 2011 年大致相同,雷暴月数为 9 个月。

表 3.27　陕西省 2012 年月雷电数统计表(单位:次)

月份	总闪数	正闪数	负闪数
1	0	0	0
2	0	0	0
3	2628	52	2576
4	4358	883	3475
5	8388	1157	7231
6	49373	2242	47131
7	60350	2594	57756
8	29787	849	28938
9	13668	1248	12420
10	1248	124	1124
11	2009	132	1877
12	0	0	0
合计	171809	9281	162528

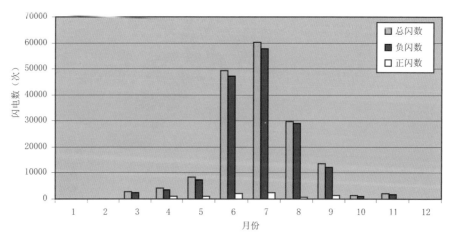

图 3.79　2012 年陕西省月雷电数统计直方图

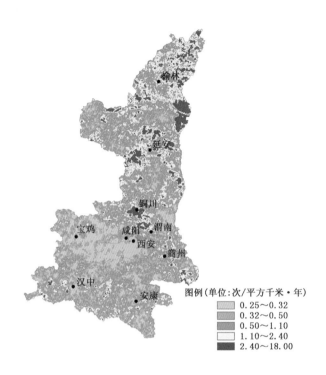

图 3.80　2012 年陕西省雷电密度分布图

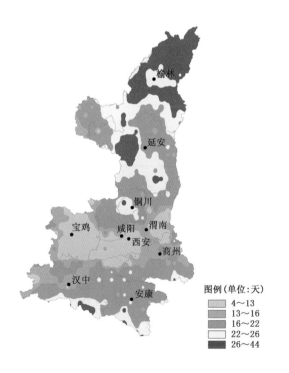

图 3.81　2012 年陕西省雷暴日分布图

二十八、甘肃省

2012年甘肃省共发生闪电34 395次,其中正闪4 787次,负闪29 608次。每月雷电次数见表3.28和图3.82。由表和图可见,1—2月无雷电活动,3月有少量雷电活动,4—9月是雷电高发期,其中8月雷电活动最频繁,10—11月雷电活动逐渐减少,12月无雷电活动。

甘肃省雷电密度分布如图3.83所示,高密度区主要集中在平凉和西峰,成县地区也有零散分布,最高雷电密度为5.75次/(平方千米·年)。甘肃省雷暴日分布如图3.84所示,年雷暴日数最高为40天,雷暴月数为9个月。

表 3.28　甘肃省 2012 年月雷电数统计表(单位:次)

月份	总闪数	正闪数	负闪数
1	0	0	0
2	0	0	0
3	74	32	42
4	2594	483	2111
5	5489	1196	4293
6	6042	784	5258
7	6552	547	6005
8	11667	1341	10326
9	1377	250	1127
10	377	96	281
11	223	58	165
12	0	0	0
合计	34395	4787	29608

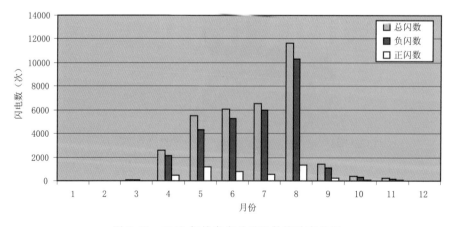

图 3.82　2012 年甘肃省月雷电数统计直方图

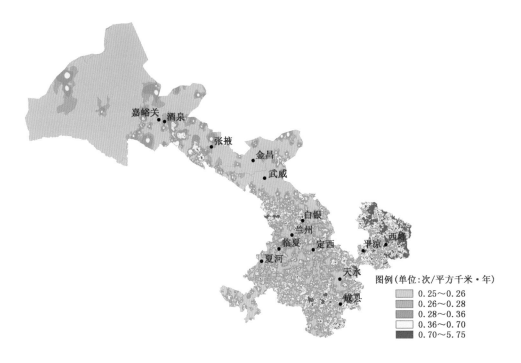

图 3.83　2012 年甘肃省雷电密度分布图

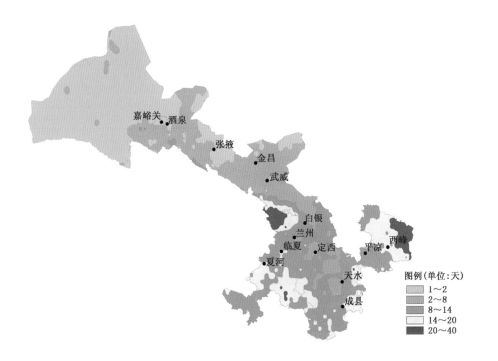

图 3.84　2012 年甘肃省雷暴日分布图

二十九、青海省

2012 年青海省共发生闪电 30 675 次,其中正闪 3 371 次,负闪 27 304 次。每月雷电次数见表 3.29 和图 3.85。由表和图可见,1—2 月无雷电活动,3—4 月有零星的雷电活动,5—10 月是雷电高发期,7 月雷电活动最频繁,10 月雷电活动减少,11—12 月无雷电活动。

青海省雷电密度分布如图 3.86 所示,高密度区比较集中,主要集中在西宁、共和和民源的交界处,最高雷电密度为 10.75 次/(平方千米·年)。青海省雷暴日分布如图 3.87 所示,年雷暴日数最高为 50 天,雷暴月数为 7 个月。

表 3.29　青海省 2012 年月雷电数统计表(单位:次)

月份	总闪数	正闪数	负闪数
1	0	0	0
2	0	0	0
3	1	0	1
4	63	15	48
5	1174	300	874
6	3661	203	3458
7	13095	699	12396
8	9289	1659	7630
9	2727	346	2381
10	665	149	516
11	0	0	0
12	0	0	0
合计	30675	3371	27304

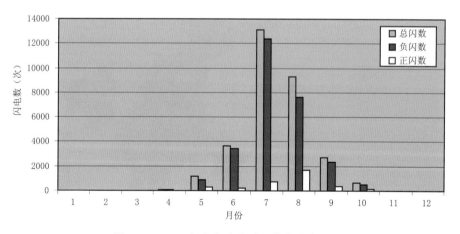

图 3.85　2012 年青海省月雷电数统计直方图

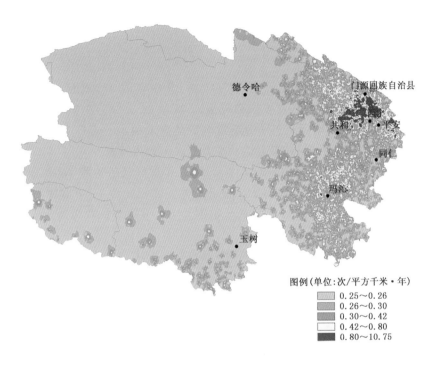

图例(单位:次/平方千米·年)
0.25～0.26
0.26～0.30
0.30～0.42
0.42～0.80
0.80～10.75

图 3.86 2012 年青海省雷电密度分布图

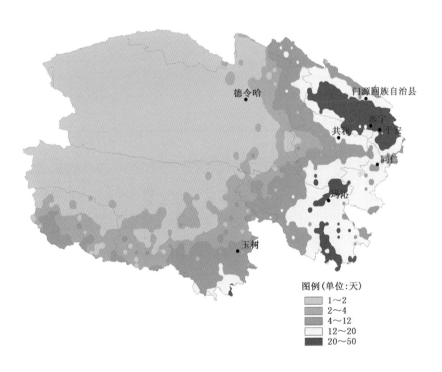

图例(单位:天)
1～2
2～4
4～12
12～20
20～50

图 3.87 2012 年青海省雷暴日分布图

三十、宁夏回族自治区

2012 年宁夏回族自治区共发生闪电 12 443 次，其中正闪 1 003 次，负闪 11 440 次，比 2011 年总闪数略有增加，每月雷电发生次数见表 3.30 和图 3.88。由表和图可见，1—3 月无雷电活动，4 月有少量雷电活动，5—9 月份是雷电活动高发期，10—11 月雷电活动明显减少，12 月无雷电活动。与 2011 年相同，雷电活动在 8 月发生最为频繁。

宁夏回族自治区雷电密度分布如图 3.89 所示，高密度区比较分散，主要分布在吴忠及全区东部零星区域，最高雷电密度为 6.48 次/（平方千米·年），较 2011 年增加约 1.71 次/（平方千米·年）。宁夏回族自治区雷暴日分布如图 3.90 所示，年雷暴日数最高为 24 天，雷暴月数为 7 个月。

表 3.30 宁夏回族自治区 2012 年月雷电数统计表（单位：次）

月份	总闪数	正闪数	负闪数
1	0	0	0
2	0	0	0
3	0	0	0
4	315	97	218
5	1671	107	1564
6	1415	386	1029
7	3582	152	3430
8	3902	137	3765
9	1041	54	987
10	516	69	447
11	1	1	0
12	0	0	0
合计	12443	1003	11440

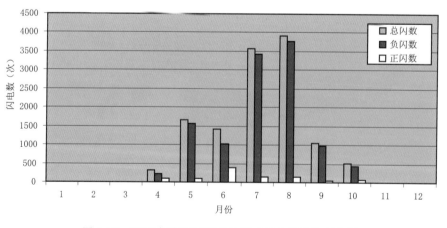

图 3.88 2012 年宁夏回族自治区月雷电数统计直方图

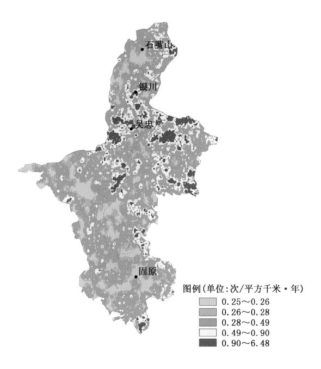

图 3.89 2012 年宁夏回族自治区雷电密度分布图

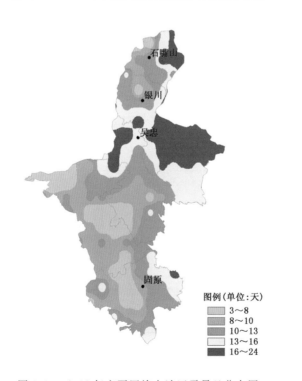

图 3.90 2012 年宁夏回族自治区雷暴日分布图

三十一、新疆维吾尔自治区

2012 年新疆维吾尔自治区共发生闪电 48 509 次,其中正闪 6 854 次,负闪 41 655 次,每月雷电发生次数见表 3.31 和图 3.91。由表和图可见,1—3 月无雷电活动,4 月有少量雷电活动,5—9 月是雷电活动高发期,10—12 月雷电活动明显减少。雷电活动在 7 月发生最为频繁。

新疆维吾尔自治区雷电密度分布如图 3.92 所示,高密度区主要分布在克拉玛依和乌鲁木齐等地区,最高雷电密度为 3.25 次/(平方千米·年)。新疆维吾尔自治区雷暴日分布如图 3.93 所示,年雷暴日数最高为 33 天,雷暴月数为 8 个月。

表 3.31　新疆维吾尔自治区 2012 年月雷电数统计表(单位:次)

月份	总闪数	正闪数	负闪数
1	0	0	0
2	0	0	0
3	0	0	0
4	179	34	145
5	2278	486	1792
6	18491	2445	16046
7	21760	2751	19009
8	4362	798	3564
9	1296	308	988
10	130	32	98
11	9	0	9
12	4	0	4
合计	48509	6854	41655

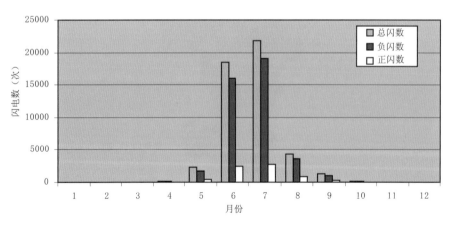

图 3.91　2012 年新疆维吾尔自治区月雷电数统计直方图

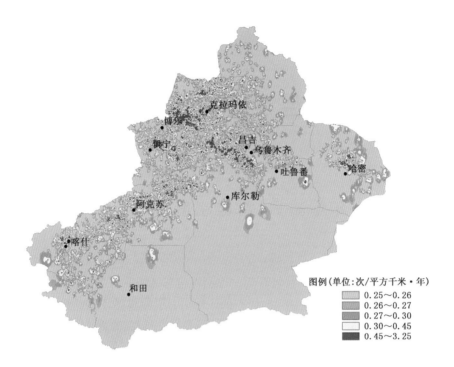

图 3.92 2012 年新疆维吾尔自治区雷电密度分布图

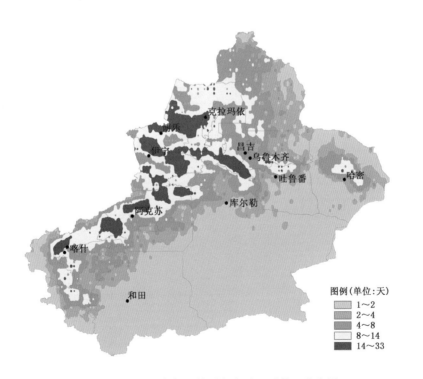

图 3.93 2012 年新疆维吾尔自治区雷暴日分布图

第四部分
2012 年全国雷电监测信息行业服务

一、全国主要机场年雷暴日、雷电密度分布及雷电强度值

机场的雷电密度、雷暴日是以机场为中心，以 30 千米为半径统计该范围内的雷暴日和雷电密度。本节给出了 2012 年全国主要机场在雷电监测网覆盖区域的雷暴日、雷电密度分布及雷电强度值（表 4.1）。福建的连城冠豸山机场，广东的广州白云国际机场、深圳南头直升机场、深圳宝安国际机场、堪江坡头民航直升机场、湛江坡头中国海洋直升机场、珠海九州直升机场、湛江新塘机场、中山机场，广西的北海机场、梧州机场和海南的海口美兰国际机场雷暴日都达到 60 天以上；而雷电最高密度区域出现在广州白云国际机场，峰值为14.52次/平方千米·年。

表 4.1　2012 年全国主要机场年雷暴日、雷电密度分布及雷电强度值统计表

机场	省（区、市）	雷电密度（次/平方千米·年）	雷暴日数（天）	平均正闪强度（千安）	平均负闪强度（千安）
八达岭机场	北京	0.85	29	61.04	−32.55
首都国际机场		0.84	28	57.61	−32.53
北京南苑机场		0.77	28	61.59	−36.49
定陵机场		0.76	28	58.92	−34.82
大溶洞机场		1.35	32	55.33	−30.20
天津滨海国际机场	天津	2.11	29	66.38	−33.45
天津塘沽机场		2.29	27	60.86	−37.56
天津滨海东方通用直升机机场		2.25	29	61.58	−36.08
石家庄正定国际机场	河北	1.26	24	57.05	−30.75
秦皇岛山海关机场		1.72	30	64.97	−42.19
邯郸机场		1.60	20	58.64	−34.48
承德机场		0.76	29	54.00	−37.90
太原武宿机场	山西	2.05	31	55.85	−31.41
长治王村机场		0.59	22	67.35	−36.30
平朔安太堡机场		2.82	38	51.78	−34.17
大同怀仁机场		1.48	36	55.93	−30.50
大同航空培训基地机场		1.48	37	55.15	−30.97
运城关公机场		1.62	15	64.30	−34.75
扎兰屯航空护林站机场	内蒙古	0.66	17	63.14	−29.73
呼和浩特白塔机场		1.73	34	47.26	−24.82
包头二里半机场		1.88	38	51.51	−26.27
海拉尔东山机场		0.44	17	58.02	−42.78

续表

机场	省（区、市）	雷电密度（次/平方千米·年）	雷暴日数（天）	平均正闪强度（千安）	平均负闪强度（千安）
赤峰土城子机场	内蒙古	0.43	18	71.66	−42.82
通辽机场		0.66	23	72.38	−44.31
锡林浩特机场		0.29	13	73.91	−60.92
乌兰浩特机场		0.39	18	63.49	−48.49
乌海机场		0.32	15	67.82	−62.97
满洲里西郊机场		0.35	11	67.13	−41.29
加格达奇护林航空站机场		0.60	23	74.11	−42.08
沈阳桃仙国际机场	辽宁	0.84	25	58.29	−29.45
大连周水子机场		0.58	13	76.55	−46.68
沈阳于洪全胜机场		1.21	24	57.50	−30.25
沈阳苏家屯红宝山机场		0.91	23	57.64	−30.56
长海大长山岛机场		1.90	20	75.65	−48.83
丹东浪头机场		1.51	21	56.96	−37.78
朝阳机场		0.59	22	73.55	−46.71
鞍山机场		1.51	20	67.42	−30.08
锦州小领子机场		1.05	25	73.58	−36.29
宁安机场	吉林	0.45	10	82.33	−37.04
长春龙嘉国际机场		1.15	26	60.04	−28.98
吉林二台子机场		1.12	27	62.08	−28.69
延吉朝阳川机场		0.37	13	80.80	−52.38
长春二道河子机场		0.65	24	61.48	−33.74
敦化农用航空站机场		0.47	12	67.88	−35.67
白城大青山机场		0.46	19	74.64	−38.11
柳河机场		1.07	23	55.43	−31.44
宝清机场	黑龙江	0.34	7	61.29	−42.95
伊春机场		0.51	19	59.13	−40.30
哈尔滨太平国际机场		0.54	19	69.37	−36.46
嫩江机场		0.38	18	96.34	−63.01
塔河护林航空站塔尔根机场		1.64	19	38.30	−26.49
佳西机场		0.46	14	64.68	−38.91
牡丹江海浪机场		0.36	11	78.00	−35.74
佳木斯东郊机场		0.46	15	59.91	−41.65
黑河机场		0.53	19	68.71	−52.85
齐齐哈尔三家子机场		0.45	16	70.54	−40.81
八五六农航站机场		0.29	7	80.83	−67.43
塔河护林航空站		1.09	15	47.55	−30.41
上海浦东国际机场	上海	2.24	24	56.97	−37.71
上海虹桥机场		4.56	28	52.52	−33.75
龙华机场		4.30	26	49.97	−35.01
上海高东海上救助机场		4.01	25	59.84	−36.23
原上海江湾机场旧址		4.62	25	57.84	−35.23
南京禄口国际机场	江苏	6.25	29	41.97	−34.40
常州奔牛机场		7.96	30	42.49	−31.21
江苏泰州春兰直升机场		5.14	23	44.16	−33.59
南通兴东机场		2.14	25	57.25	−41.42
连云港白塔埠机场		1.20	20	56.44	−40.96

续表

机场	省(区、市)	雷电密度 (次/平方千 米·年)	雷暴日数 (天)	平均正闪 强度(千安)	平均负闪 强度(千安)
徐州观音山机场	江苏	1.65	21	57.78	−38.08
盐城机场		1.83	23	61.70	−43.20
无锡朔放机场		5.09	28	45.62	−32.51
杭州萧山国际机场	浙江	4.91	33	55.85	−33.58
宁波栎社机场		6.05	30	38.19	−31.42
温州永强机场		1.74	32	68.44	−47.51
桐庐直升机场		5.17	39	42.70	−30.52
黄岩陆桥机场		1.16	30	92.80	−43.21
舟山朱家尖机场		0.78	14	65.67	−50.14
义乌机场		4.19	38	40.84	−29.99
衢州机场		2.49	37	46.69	−29.87
合肥骆岗国际机场	安徽	1.92	25	51.97	−37.28
黄山屯溪机场		3.01	37	43.35	−31.15
安庆天柱山机场		2.29	30	51.92	−40.50
阜阳机场		0.93	22	56.41	−42.39
福州长乐国际机场	福建	4.13	35	36.25	−33.96
厦门高崎机场		3.69	41	41.06	−37.65
南平武夷山机场		1.67	52	49.05	−35.12
泉州晋江机场		2.61	40	47.34	−36.65
连城官豸山机场		4.75	61	56.00	−38.56
南昌昌北国际机场	江西	2.73	38	54.01	−31.40
九江庐山机场		3.58	38	53.41	−37.76
景德镇罗家机场		2.31	40	48.22	−31.25
赣州黄金机场		2.88	45	57.83	−39.12
吉安井冈山机场		4.35	45	62.53	−35.46
济南遥墙国际机场	山东	1.49	21	58.81	−35.28
青岛流亭国际机场		1.33	23	98.01	−61.09
烟台莱山机场		0.59	19	71.18	−43.63
威海大水泊机场		0.37	11	94.30	−65.00
潍坊机场		0.63	20	76.08	−42.21
临沂机场		1.32	24	65.84	−41.96
东营机场		1.28	20	62.04	−39.77
青岛市石老人直升机场		1.04	23	103.30	−64.13
泰安直升机场		2.20	24	48.79	−33.03
郑州上街机场	河南	0.73	13	55.18	−29.04
明港机场		1.53	21	63.69	−45.79
南阳姜营机场		1.51	20	66.59	−38.37
洛阳北郊机场		1.30	16	68.58	−31.67
郑州新郑国际机场		0.87	12	48.02	−34.67
安阳航空运动学校机场		0.65	17	67.39	−34.68
沙市机场	湖北	1.87	29	44.39	−37.80
武汉天河机场		3.30	31	45.49	−37.66
宜昌三峡机场		4.68	27	43.60	−32.91
襄樊刘集机场		1.18	17	51.40	−43.37
恩施机场		1.51	31	62.60	−47.79

机场	省(区、市)	雷电密度 (次/平方千 米·年)	雷暴日数 (天)	平均正闪 强度(千安)	平均负闪 强度(千安)
永州零陵机场	湖南	1.81	42	55.71	−41.92
常德机场		1.92	41	58.34	−34.80
张家界荷花机场		1.83	41	72.35	−41.03
长沙黄花国际机场		3.16	47	58.03	−37.14
广州白云国际机场	广东	14.52	81	37.52	−31.07
深圳宝安国际机场		13.87	75	29.76	−28.87
深圳南头直升机场		11.19	74	29.81	−29.75
湛江坡头民航直升机场		5.16	73	55.97	−39.62
湛江坡头中国海洋直升机场		5.14	73	55.54	−39.52
珠海九州直升机场		7.12	60	39.42	−33.39
湛江新塘机场		4.73	81	53.41	−39.31
珠海三灶机场		5.99	56	51.32	−39.46
梅县机场		3.71	54	55.88	−35.58
汕头外砂机场		1.96	41	54.99	−40.72
中山机场		11.72	72	33.36	−30.08
百色右江机场	广西	2.12	49	52.63	−45.71
北海机场		2.91	62	63.65	−50.33
梧州机场		4.89	60	40.27	−36.22
柳州机场		1.65	42	55.87	−41.10
南宁吴圩机场		2.52	58	62.98	−38.39
桂林两江机场		3.61	54	44.91	−40.94
三亚凤凰机场	海南	2.08	58	45.36	−41.02
海口美兰国际机场		3.90	75	52.37	−41.31
万州机场	重庆	2.05	42	61.62	−39.44
重庆江北国际机场		1.66	37	66.92	−44.41
康定斯丁措机场	四川	0.61	36	53.02	−35.94
广汉机场		1.71	20	64.90	−37.49
阆中机场		4.05	28	59.58	−43.93
泸州蓝田机场		5.62	34	65.58	−42.51
宜宾机场		4.35	32	58.68	−42.44
绵阳机场		1.56	18	61.64	−38.41
广元盘龙机场		1.74	22	63.70	−47.99
攀枝花保安营机场		5.38	50	69.36	−30.77
达州机场		3.29	31	73.08	−42.23
南充火花机场		4.60	36	51.68	−36.56
西昌青山机场		2.32	48	58.47	−38.83
成都双流国际机场		1.45	21	67.59	−39.88
九寨沟机场		0.33	17	83.94	−55.02
兴义机场	贵州	2.38	42	56.34	−37.24
黎平机场		2.01	34	48.26	−39.23
铜仁大兴机场		2.22	41	57.34	−40.17
安顺黄果树机场		5.25	44	56.82	−34.67
贵阳龙洞堡机场		2.98	45	56.86	−33.46
文山普者黑机场	云南	2.09	40	63.49	−34.64
临沧博尚机场		0.71	35	59.99	−35.33
芒市机场		1.13	47	60.36	−40.88

续表

机场	省（区、市）	雷电密度（次/平方千米·年）	雷暴日数（天）	平均正闪强度（千安）	平均负闪强度（千安）
保山机场	云南	1.00	30	68.18	−36.51
丽江三义机场		1.15	34	76.58	−42.69
西双版纳嘎洒机场		1.10	51	62.07	−38.84
思茅机场		2.19	53	53.30	−32.91
迪庆香格里拉机场		0.42	20	80.35	−43.84
大理荒草坝机场		0.97	36	70.63	−40.10
昆明巫家坝国际机场		3.71	47	64.07	−34.52
昭通机场		0.98	35	84.64	−51.03
拉萨贡嘎机场	西藏	0.52	33	36.49	−19.52
昌都邦达机场		0.31	15	132.11	−52.00
林芝米林机场		0.25	3	104.24	−141.14
蒲城机场	陕西	1.40	15	50.35	−26.72
安康机场		0.68	21	67.01	−46.46
汉中机场		0.86	15	62.75	−47.93
西安咸阳国际机场		0.79	14	56.82	−31.13
榆林西沙机场		1.18	25	68.44	−45.18
延安二十里堡机场		1.44	19	63.74	−38.48
嘉峪关机场	甘肃	0.25	1	42.44	−21.88
庆阳西峰机场		0.53	15	72.82	−38.39
敦煌机场		0.25	1	0.00	−34.18
兰州中川机场		0.34	17	76.14	−45.69
西宁老机场	青海	0.62	26	57.13	−28.97
西宁曹家堡机场		0.52	24	58.33	−32.32
格尔木机场		0.00	0	0.00	0.00
银川河东机场	宁夏	0.58	16	64.92	−37.40
伊宁机场	新疆	0.30	13	53.13	−39.40
库车机场		0.34	5	43.31	−26.04
塔城机场		0.26	7	75.26	−54.90
石河子通用航空机场		0.38	10	61.85	−23.81
那拉提机场		0.34	17	52.70	−41.14
克拉玛依旧机场		0.44	18	71.64	−32.68
阿勒泰机场		0.25	5	69.63	−89.53
且末机场		0.00	0	0.00	0.00
和田机场		0.25	1	53.86	−93.50
阿克苏温宿机场		0.30	10	51.74	−26.28
库尔勒机场		0.30	1	45.88	−60.73
乌鲁木齐地窝铺机场		0.27	5	63.11	−39.99
喀什机场		0.36	13	52.51	−21.73
香港老机场	香港	9.70	57	34.23	−32.34
香港赤腊角机场		8.32	59	33.14	−31.87
澳门机场	澳门	5.85	55	43.61	−35.53
金门机场	台湾	1.60	29	48.02	−45.75
马祖机场		2.60	34	44.93	−35.30

二、全国主要港口年雷暴日、雷电密度分布及雷电强度值

统计全国各大港口在雷电监测网覆盖区域的雷电密度分布、雷暴日及雷电强度值（表4.2）。港口的雷电密度、雷暴日是以港口为中心，以30千米为半径统计该范围内的雷电密度的平均值和雷暴日的平均值。位于东南沿海的港口雷暴日和雷电密度明显高于北方的港口，其中广州港雷暴日达81天，广州港的雷电密度达15.51次/平方千米・年，居各港口之首。

表 4.2 2012年全国主要港口年雷暴日、雷电密度分布及雷电强度值统计表

港口	雷电密度 （次/平方千米・年）	雷暴日数 （天）	平均正闪强度 （千安）	平均负闪强度 （千安）
南京港	5.01	28	42.05	−33.66
广州港	15.51	81	39.84	−31.36
泉州港	2.88	41	45.35	−37.37
防城港	4.66	75	63.59	−57.12
北海港	2.68	65	69.52	−55.01
湛江港	4.55	75	56.06	−40.74
汕头港	1.81	36	57.00	−42.37
深圳港	9.51	70	30.45	−30.23
厦门港	2.90	40	46.62	−39.96
福州港	5.37	38	39.31	−32.15
温州港	3.23	38	56.76	−43.62
宁波港	5.33	24	42.56	−36.21
上海港	4.12	25	64.86	−35.91
连云港港	1.09	17	64.68	−52.35
日照港	0.88	19	64.77	−43.96
青岛港	0.90	23	95.86	−55.67
秦皇岛港	1.91	29	67.91	−40.36
锦州港	0.97	27	65.55	−36.66
营口港	0.64	20	68.95	−41.64
大连港	0.63	13	73.82	−47.65
天津港	2.30	28	61.76	−36.74

三、全国主要发电厂年雷暴日、雷电密度分布及雷电强度值

统计全国主要发电厂在雷电监测网覆盖区域的年雷电密度分布、雷暴日及雷电强度值（表4.3）。发电厂的雷电密度、雷暴日是以发电厂为中心，以30千米为半径统计该范围内的雷电密度的平均值和雷暴日的平均值。

表 4.3　2012 年全国主要发电厂年雷暴日、雷电密度及雷电强度值统计表

发电厂	雷电密度 （次/平方千米·年）	雷暴日数 （天）	平均正闪强度 （千安）	平均负闪强度 （千安）
三峡	3.65	34	43.83	−32.68
溪洛渡	1.07	29	111.07	−46.45
龙滩	1.77	38	56.92	−39.51
邹县	1.28	20	66.03	−31.28
小湾	0.53	21	64.07	−38.90
拉西瓦	0.33	12	59.35	−34.22
岭澳	8.94	59	35.04	−32.23
托克托	1.29	32	52.89	−28.80
后石	2.46	36	46.92	−41.22
锦屏一级	1.33	42	61.56	−43.41
二滩	5.58	55	53.11	−34.18
瀑布沟	1.00	26	83.75	−43.54
阳城	2.56	18	55.78	−32.72
北仑	5.39	24	42.65	−36.02
台山	6.65	61	53.72	−37.72
构皮滩	2.79	37	55.16	−36.27
外高桥	4.11	25	64.41	−36.02
嘉兴	1.06	23	66.38	−41.74
达拉特	2.59	40	47.55	−24.45
葛洲坝	3.75	32	41.46	−34.17
太仓港	4.68	25	55.48	−34.58
秦山第二	1.38	24	77.27	−36.87
利港	8.38	28	44.67	−31.63
珞璜	3.86	38	67.08	−41.25
扬州第二	8.20	30	33.19	−32.14
宁海	3.76	29	38.44	−33.41
乌沙山	3.72	28	40.85	−35.75
平圩	1.45	24	50.95	−37.20
珠海	7.07	55	55.30	−39.37
西柏坡	2.85	27	54.56	−29.67
洛河	1.52	24	47.56	−36.82
丰城	4.90	45	48.15	−29.64
德州	1.30	26	68.89	−35.94
阳逻	3.85	33	45.08	−33.83
襄樊	1.40	20	53.58	−40.15
广安	4.77	42	69.31	−37.80
大同第二	1.48	37	54.99	−30.76
丰镇	2.11	40	53.98	−25.85
张家口	0.91	29	55.65	−34.11
广州蓄能	8.03	72	41.92	−32.49
惠州蓄能	9.72	74	36.82	−30.35
盘山	1.30	33	55.11	−31.49
伊敏	0.78	18	66.17	−31.42
首阳山	1.00	13	52.64	−30.97
元宝山	0.41	20	66.38	−38.29
谏壁	9.01	30	35.53	−31.25
吴泾	3.38	25	47.19	−35.56

发电厂	雷电密度 （次/平方千米·年）	雷暴日数 （天）	平均正闪强度 （千安）	平均负闪强度 （千安）
双鸭山	0.38	11	63.61	−40.24
田湾	1.12	17	63.34	−51.44
泰州	7.89	27	43.50	−31.90
玉环	0.83	31	83.80	−48.08
神头第二	2.91	37	52.70	−33.60
靖远	0.35	9	74.61	−38.37
珠江	16.56	77	30.48	−29.82
徐州	1.80	20	64.69	−42.28
大亚湾	9.09	59	34.78	−32.24
沙角第三	15.89	77	29.23	−28.82
营口	1.07	18	65.58	−39.73
太仓	4.00	26	52.56	−35.45
潍坊	0.63	20	76.22	−42.60
三门峡西	2.16	12	47.89	−32.09
湘潭	2.44	43	69.59	−40.59
荆门	3.66	22	40.76	−35.33
天荒坪蓄能	5.79	39	50.65	−32.45
小浪底	1.76	18	58.03	−30.65
妈湾	9.59	70	30.72	−29.92
镇海	6.52	27	44.35	−33.99
白山	0.51	22	63.55	−32.30
邢台	0.77	21	68.66	−35.73
清河	1.00	23	57.10	−31.85
彭水	2.61	40	70.37	−41.86
镇江	8.45	31	32.15	−31.17
漳泽	0.53	22	72.33	−36.92
绥中	1.98	30	64.04	−41.54
哈尔滨第三	0.75	21	60.52	−32.17
水布垭	1.35	38	45.83	−34.06
李家峡	0.33	16	66.64	−44.13
漫湾	0.63	25	67.40	−39.53
陡河	3.11	35	49.11	−28.17
公伯峡	0.33	18	64.32	−42.76
温州	2.27	34	61.95	−47.63
长兴	8.63	31	34.37	−31.01
菏泽	0.72	12	79.00	−42.26
秦山第三	1.33	25	78.93	−37.53
柳林	4.63	28	46.58	−28.35
大连	0.72	14	75.50	−46.50
南通	2.63	26	54.35	−38.39
福州	5.31	38	39.79	−32.38
通辽	0.65	23	66.26	−43.27
阜新	0.69	27	72.77	−38.71
水口	3.22	45	48.78	−32.32
九江	2.15	36	65.04	−41.08
大朝山	0.94	33	60.91	−42.64
台州	1.19	31	81.98	−40.56

续表

发电厂	雷电密度 （次/平方千米·年）	雷暴日数 （天）	平均正闪强度 （千安）	平均负闪强度 （千安）
黄埔	16.69	80	35.15	−31.15
桥头	1.48	40	45.30	−22.96
天生桥二级	3.57	43	52.87	−35.08
上安	3.98	27	47.70	−28.12
河津	1.49	17	54.25	−35.10
望亭	5.19	28	45.19	−31.99
岳阳	3.33	37	57.63	−41.26
半山	5.01	35	51.62	−33.22
渭河	0.85	12	77.34	−29.69
神头第一	2.90	38	52.58	−33.55
龙羊峡	0.31	12	63.17	−32.29
徐塘	1.09	21	64.10	−38.82
新乡	0.71	19	61.49	−33.70
十里泉	1.64	25	58.79	−35.91
邯峰	1.83	22	56.08	−30.44
定州	1.03	26	58.87	−31.24
王滩	2.09	34	62.00	−35.98
黄骅	1.77	24	59.08	−33.85
龙山	1.47	27	63.89	−31.40
王曲	0.59	22	70.37	−35.96
河曲	1.93	35	55.91	−32.49
武乡	1.88	30	74.74	−30.06
岱海	2.45	39	51.80	−25.88
上都	0.99	21	56.55	−32.51
白音华	0.28	14	75.65	−72.44
庄河	1.91	26	66.12	−44.12
石洞口第二	5.64	25	56.74	−34.56
常熟第二	3.29	27	51.08	−36.47
沙洲	3.24	28	52.23	−36.74
常州	8.90	29	43.41	−31.50
兰溪	4 66	37	53.66	−28.48
乐清	1.14	35	77.58	−46.59
阜阳	0.75	23	58.82	−42.34
宿州	2.78	20	58.06	−38.54
田集	1.45	24	52.68	−37.35
可门	4.27	38	46.09	−34.45
宁德	2.16	38	57.84	−45.87
黄金埠	4.28	45	44.74	−29.16
聊城	1.55	19	59.83	−36.50
费县	1.88	27	79.24	−40.46
沁北	3.27	19	43.73	−29.20
新乡宝山	0.85	17	60.42	−38.45
大别山	4.50	28	57.04	−40.95
金竹山	2.80	40	57.47	−36.84
鲤鱼江第二	3.64	55	57.36	−42.63
汕尾	2.95	39	45.29	−39.43
三百门	1.36	36	56.04	−39.71

发电厂	雷电密度 （次/平方千米·年）	雷暴日数 （天）	平均正闪强度 （千安）	平均负闪强度 （千安）
惠来	2.44	40	52.61	−41.85
湛江奥里油	5.26	81	52.64	−38.12
防城港	4.62	72	64.95	−57.09
钦州	3.80	69	66.77	−54.20
盘南	2.45	52	68.61	−41.60
滇东	2.09	47	64.08	−39.66
韩城第二	1.47	19	51.80	−33.76
锦界	1.63	30	63.79	−37.65
灵武	0.64	17	64.92	−33.38
鹤岗	0.44	14	63.11	−36.33
汕头	1.82	36	56.98	−42.39
宝山钢铁	5.56	25	56.08	−34.69
大港	1.85	27	60.72	−37.81
衡水	1.46	25	53.94	−30.58
阳泉第二	2.33	31	56.69	−25.74
太原第一	2.17	31	60.19	−32.32
西龙池蓄能	1.53	28	56.60	−32.41
铁岭	1.49	23	63.20	−30.94
蒲石河蓄能	1.55	23	53.69	−25.80
双辽	0.78	22	60.69	−38.34
石洞口第一	5.62	25	56.95	−34.57
常熟	3.28	27	49.23	−36.41
彭城	1.59	20	65.03	−41.43
桐柏蓄能	3.13	32	52.37	−35.50
马鞍山第二	5.87	30	42.92	−35.83
嵩屿	2.78	40	47.39	−40.05
石横	1.25	17	54.66	−33.49
莱城	3.31	30	63.65	−36.78
青岛	1.08	23	100.50	−59.88
姚孟	1.04	18	49.27	−38.47
宝泉蓄能	0.79	22	54.65	−36.22
隔河岩	3.09	31	54.05	−35.16
汉川	2.33	28	48.98	−37.39
白莲河蓄能	4.19	37	54.44	−36.85
石门	3.42	39	61.58	−41.39
湛江	5.32	81	52.73	−37.90
岩滩	2.53	46	47.32	−36.25
天生桥一级	3.58	46	52.95	−35.36
江油	1.65	18	64.04	−44.57
安顺	5.82	48	57.12	−33.49
黔北	7.47	37	50.51	−32.09
纳雍第一	3.69	49	52.49	−31.74
纳雍第二	4.07	49	51.42	−31.11
大方	5.94	39	56.56	−32.67
鸭溪	4.25	37	44.39	−31.65
黔西	9.15	36	47.60	−28.04
曲靖	2.88	53	65.74	−39.19

续表

发电厂	雷电密度 （次/平方千米·年）	雷暴日数 （天）	平均正闪强度 （千安）	平均负闪强度 （千安）
宣威	3.25	56	68.06	−40.11
宝鸡第二	0.41	10	75.84	−55.33
蒲城	0.81	13	53.42	−29.38
平凉	0.52	11	80.44	−42.97
大坝	0.90	16	49.78	−30.03
石嘴山第二	0.47	18	67.00	−52.48
沙角第一	15.86	77	29.69	−28.99
五强溪	2.69	42	57.48	−33.89
海勃湾	0.46	18	67.65	−50.29
锦州	1.10	25	74.98	−37.90
富拉尔基第二	0.66	17	59.39	−30.41
焦作	1.93	16	54.72	−32.02
海口	5.10	82	48.01	−40.87
刘家峡	0.30	10	73.81	−54.49
韶关	4.18	66	50.41	−43.72
乌江渡	3.76	34	46.98	−37.34
辽宁	1.59	30	58.83	−25.21
戚墅堰	6.50	30	47.53	−32.70
天生港	2.72	27	54.14	−38.19
夏港	7.31	29	41.79	−32.64
田家庵	1.52	24	49.40	−37.01
贵溪	4.94	55	47.46	−32.04
万家寨	2.08	35	54.54	−27.44
石洞口燃机	5.64	25	56.25	−34.52
深圳东部燃机	10.67	61	34.02	−32.20
前湾燃机	10.44	70	30.53	−29.70
惠州燃机	10.69	67	31.67	−31.28
淮北	2.33	18	59.79	−40.70
秦岭	0.77	12	66.36	−34.61
光照	9.45	52	50.72	−33.02
牡丹江第二	0.46	13	67.28	−33.11
丰满	1.01	24	61.69	−26.54
秦皇岛	1.78	30	66.40	−41.41
淮阴	5.13	24	37.34	−30.89
扬州	6.72	29	38.15	−33.08
新海	1.39	20	58.15	−41.72
胜利油田自备	1.64	21	62.20	−39.19
辛店	1.58	24	54.83	−34.73
鹤壁	0.79	18	65.08	−34.41
耒阳	4.53	44	49.18	−36.41
张河湾蓄能	3.43	28	48.02	−25.18
宜兴蓄能	5.91	30	38.80	−31.84
泰安蓄能	2.16	24	48.80	−32.79
三板溪	1.51	36	56.08	−40.00
郑州	0.75	13	46.53	−32.92
盘县	3.26	55	62.09	−42.54
马头	1.54	20	57.29	−34.41

续表

发电厂	雷电密度 （次/平方千米·年）	雷暴日数 （天）	平均正闪强度 （千安）	平均负闪强度 （千安）
龙口	0.78	20	71.67	−46.30
合山	3.55	49	41.19	−31.31
杨柳青	1.83	28	61.96	−31.63
洛阳	1.09	15	67.08	−30.99
张家港	3.79	30	49.30	−35.04
萧山	4.77	35	56.48	−35.09
来宾	3.14	46	44.20	−34.15
柘溪	2.35	46	71.41	−38.34
白马	8.57	34	69.99	−46.55
浑江	0.72	23	60.41	−35.33
丹江口	1.58	17	56.88	−36.58

四、西昌卫星发射中心年雷暴日、雷电密度分布及雷电强度值

西昌卫星发射中心地处我国西南崇山峻岭中，属雷暴高发地带，分析以西昌卫星发射中心为中心，以100千米为半径，统计该范围内的雷电活动特性。西昌卫星发射中心2012年雷电逐月分布如图4.1所示，该区域4—9月份雷电活动比较频繁，并以负闪为主，9月份闪电数为14 763次，为全年最高值，其他月份雷电活动相对较少。

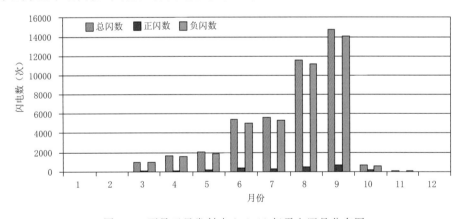

图4.1 西昌卫星发射中心2012年雷电逐月分布图

五、太原卫星发射中心年雷暴日、雷电密度分布及雷电强度值

太原卫星发射中心地处我国北方黄土高原地区，分析以太原卫星发射中心为中心，以100千米为半径，统计该范围内的雷电活动特性。2013年太原卫星发射中心及周边2012年雷电逐月分布如图4.2所示，雷电活动主要发生在5—9月份，6月、7月和9月闪电数远高于2011年同期闪电数，7月份闪电数高达33 420次，达全年最大值。

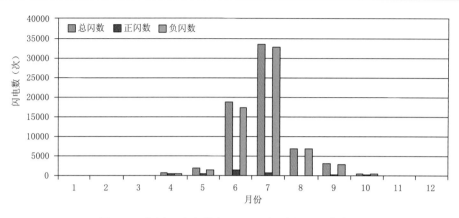

图 4.2　太原卫星发射中心 2012 年雷电逐月分布图

六、文昌卫星发射中心年雷暴日、雷电密度分布及雷电强度值

文昌卫星发射中心地处海南岛中部,周边地带属雷暴高发区,分析以文昌卫星发射中心为中心,以 100 千米为半径,统计该范围内的雷电活动特性。2012 年发射中心及周边雷电逐月分布如图 4.3 所示,4 月开始雷暴活动逐渐频繁,4—9 月份为雷暴高发期,8 月份闪电次数达全年最高,为 18 034 次。

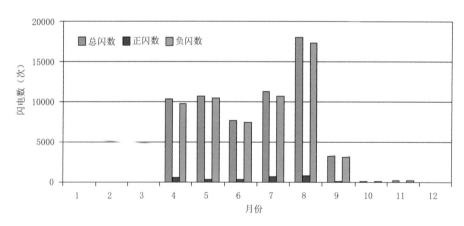

图 4.3　文昌卫星发射中心 2012 年雷电逐月分布图

第五部分
2012 年全国雷电信息专项服务

一、2012 年第一次雷电过程

从 2012 年 3 月 21 日开始,我国河南、安徽、湖北和陕西等地区出现了 2012 年第一次大范围的雷电过程。2012 年 3 月 21 日 00—24 时雷电活动如图 5.1 所示。

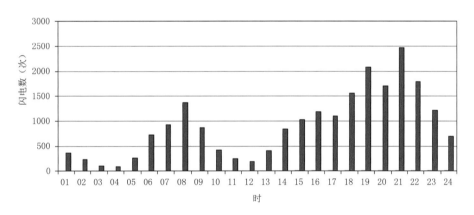

图 5.1　2012 年 3 月 21 日逐小时雷电活动时间序列分布图

2012 年 3 月 21 日,河南、安徽、湖北和陕西省大部分地区发生了立春以来强雷电活动。3 月 21 日 00—24 时共发生雷电 22 082 次,正闪数为 1 665 次,负闪数为 20 417 次。雷电活动主要时间段为 14—22 时,主要活动区为河南省大部分地区、安徽省大部分地区、湖北省大部分地区以及陕西、重庆、江苏部分地区,实时雷电活动分布如图 5.2 所示。

二、2012 年 7 月 21 日北京特大暴雨

受高空冷空气和西南强暖湿空气共同影响,7 月 21 日至 22 日凌晨,北京、天津、河北北部及山西北部出现大范围强降雨,北京、天津及河北出现区域性大暴雨到特大暴雨。其中北京暴雨为近 61 年来最强,天津为近 34 年来最强。

此次暴雨过程中,北京地区闪电次数为 2 195 次,雷电活动较为频繁。

三省市 12 个雷电探测站运行正常,均为 100%。7 月 21 日 00 时到 22 日 00 时共探测雷

电发生 3 949 次,其中负闪 3 466 次,正闪 483 次。三省市雷电分布如图 5.3 所示,三省市历年 7 月雷电次数如图 5.4 所示。

图 5.2　2012 年 3 月 21 日国家雷电监测网实时雷电活动分布图
(红色表示正闪、橙色表示负闪)

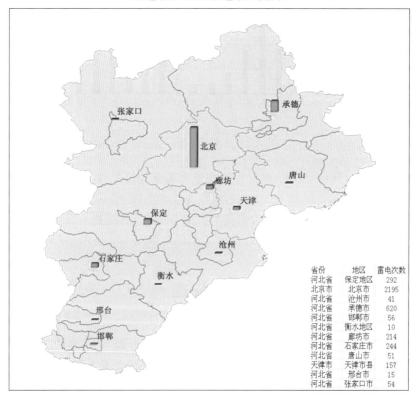

省份	地区	雷电次数
河北省	保定地区	292
北京市	北京市	2195
河北省	沧州市	41
河北省	承德市	620
河北省	邯郸市	56
河北省	衡水地区	10
河北省	廊坊市	214
河北省	石家庄市	244
河北省	唐山市	51
天津市	天津市县	157
河北省	邢台市	15
河北省	张家口市	54

图 5.3　2012 年 7 月 21 日北京市、天津市和河北省雷电分布图

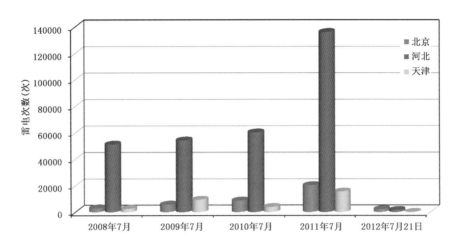

图 5.4　2008—2012 年 7 月北京市、天津市和河北省雷电次数分布图

从逐小时雷电图可看出,7 月 21 日北京地区雷电发生时间比较集中,短时间内的雷电数较多,逐小时雷电分布如图 5.5 所示。21 日全天雷电主要集中在 14—21 时,其中 16 时和 19 时雷电数较多。全天最多雷电数在 19 时,总闪 451 次,负闪 408 次。21 日雷电频数分布如图 5.6 所示。

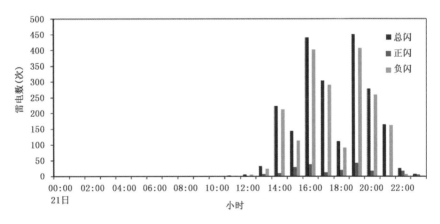

图 5.5　2012 年 7 月 21 日北京市逐小时雷电次数分布图

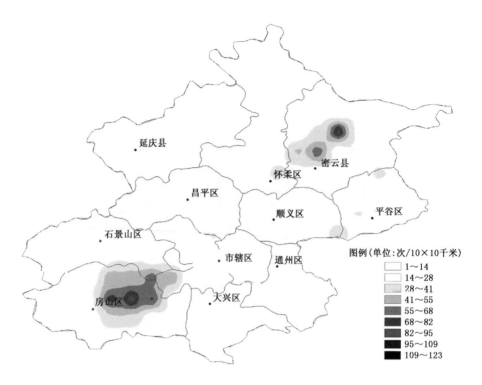

图 5.6　2012 年 7 月 21 日北京市雷电频数分布图

附录:全国雷电监测网运行情况统计

一、国家雷电监测网单个探测站运行情况

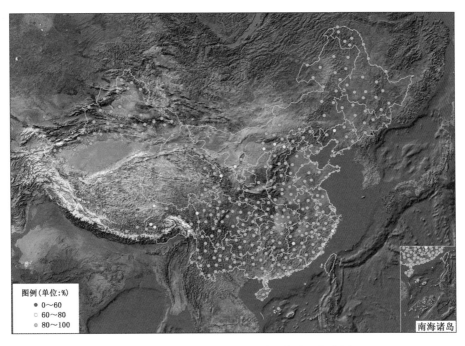

附图1　2012年全国雷电监测网单站运行率图

附表1　2012年中国气象局国家雷电监测网单个探测站运行率统计表

省(区、市)	站名	运行率 (%)	站名	运行率 (%)
北京	北京站	100.00		
天津	天津站	99.97		
河北	丰宁站	99.93	张家口站	94.30
	秦皇岛站	100.00	围场站	99.11
	遵化站	99.80	蔚县站	100.00
	保定站	95.15	赵县站	94.36
	吴桥站	99.80	乐亭站	99.93
	邯郸站	98.70		
山西	长治站	100.00	运城站	99.49
	阳泉站	100.00	吕梁站	99.80
	大同站	78.62	忻州站	98.50
	太原站	100.00		
内蒙古	阿尔山站	98.26	小二沟站	97.75
	满洲里站	99.93	扎兰屯站	97.98
	图里河站	99.66	突泉站	98.12

续表

省(区、市)	站名	运行率 (%)	站名	运行率 (%)
内蒙古	达茂站	83.06	集宁站	98.39
	博克图站	99.66	和林格尔站	62.36
	陈巴尔虎旗站	99.66	东胜站	77.29
	正蓝旗站	98.53	霍林郭勒站	98.29
	包头站	99.93	胡尔勒站	98.77
	苏尼特右旗站	99.73	新巴尔虎左旗站	99.83
	四子王旗站	100.00	阿鲁科尔沁站	99.97
辽宁	朝阳站	100.00	大连站	96.76
	清原站	99.97	本溪站	100.00
	营口站	99.83	东港站	84.53
	阜新站	66.39	法库站	99.66
	宽甸站	99.08		
吉林	前郭站	95.90	敦化站	99.32
	舒兰站	99.97	桦甸站	98.60
	长春站	99.97	通榆站	99.28
	临江站	100.00		
黑龙江	呼中站	98.84	鸡西站	94.19
	佳木斯站	99.83	绥化站	99.66
	北安站	99.25	通河站	99.76
	牡丹江站	99.83	齐齐哈尔站	99.80
	漠河站	98.70	爱辉站	99.56
	加格达奇站	99.80	呼玛站	96.62
	哈尔滨站	100.00	嘉荫站	98.53
	新林站	97.27	塔河站	99.62
	大庆站	99.62	北极村站	98.50
	伊春站	99.93		
江苏	建湖站	99.97	宜兴站	96.93
	连云港站	99.66	淮安站	92.83
	扬州站	99.93	南通站	99.93
	盱眙站	98.02	南京站	99.93
	徐州站	97.44		
浙江	宁海站	100.00	永康站	100.00
	平湖站	100.00	龙泉站	80.46
	淳安站	99.66	定海站	99.90
	江山站	99.83	洪家站	72.30
	诸暨站	96.07	长兴站	88.56
	平阳站	97.20		
安徽	宣城站	100.00	蚌埠站	94.02
	阜阳站	99.62	六安站	97.40
	安庆站	100.00	黄山站	100.00
	合肥站	93.41		
福建	龙岩站	99.97	福鼎站	100.00
	宁化站	99.15	福州站	100.00
	平潭站	98.67	南平站	100.00
	厦门站	99.49	武夷山站	98.22
	德化站	98.53		

续表

省(区、市)	站名	运行率（%）	站名	运行率（%）
江西	广昌站	99.62	泰和站	68.03
	九江站	99.73	宜春站	99.76
	寻乌站	93.44	临川站	100.00
	上饶站	93.72	修水站	97.85
	景德镇站	96.62	南昌站	92.79
	赣县站	99.80	鹰潭站	94.47
山东	青岛站	99.90	河口站	99.90
	兖州站	99.90	寒亭站	99.97
	蒙阴站	98.50	威海站	99.76
	章丘站	100.00		
河南	内乡站	98.67	开封站	99.66
	登封站	95.15	正阳站	98.60
	商丘站	95.63	宝丰站	99.32
	西华站	96.07	濮阳站	98.43
	焦作站	98.94	渑池站	97.81
湖北	恩施站	100.00	神农架站	99.97
	天门站	94.13	随州站	97.58
	荆门站	100.00	宜昌站	98.74
	十堰站	99.80	麻城站	100.00
	荆州站	100.00	咸宁站	98.36
	襄樊站	98.43	武汉站	99.80
	巴东站	99.25		
湖南	衡阳站	98.53	长沙站	100.00
	郴州站	88.97	邵阳站	99.97
	岳阳站	99.28	永州站	99.93
	常德站	98.87	安化站	89.79
	怀化站	93.20	张家界站	92.79
广东	广州站	99.42	南澳站	93.92
	珠海站	99.83	恩平站	100.00
	汕头站	94.47	电白站	91.56
	韶关站	100.00	梅州站	90.54
	博罗站	100.00		
广西	桂林站	99.97	贵港站	98.19
	玉林站	100.00	北海站	98.05
	柳州站	100.00	宁明站	99.52
	百色站	95.56	马山站	97.44
	贺州站	97.58	梧州站	100.00
	河池站	95.97		
海南	海口站	91.94	永兴岛站	84.90
	琼海站	88.93	琼中站	98.36
	东方站	100.00	三亚站	95.15
重庆	云阳站	88.56	酉阳站	91.19
	石柱站	100.00	城口站	99.97
	沙坪坝站	98.43		
四川	红原站	99.66	九龙站	91.63
	壤塘站	99.73	雅安站	95.56
	广元站	97.27	巴塘站	100.00

续表

省(区、市)	站名	运行率(%)	站名	运行率(%)
四川	康定站	100.00	温江站	99.08
	自贡站	100.00	会理站	100.00
	绵阳站	99.97	越西站	100.00
	理塘站	100.00	马尔康站	100.00
	达州站	100.00	小金站	100.00
	理县站	99.93	木里站	91.91
	九寨沟站	100.00	遂宁站	97.81
	甘孜站	93.34	南部站	98.77
	白玉站	61.48	道孚站	86.92
贵州	思南站	100.00	桐梓站	99.73
	凯里站	94.95	赤水站	99.73
	安顺站	98.19	从江站	100.00
	道真站	98.53	黎平站	100.00
	兴义站	96.31	息烽站	100.00
	望谟站	100.00	毕节站	99.42
云南	施甸站	100.00	瑞丽站	99.52
	耿马站	99.97	泸西站	99.39
	景洪站	97.98	泸水站	96.04
	景谷站	100.00	孟连站	100.00
	广南站	99.93	江城站	99.97
	昆明站	97.06	香格里拉站	99.45
	元江站	98.29	金平站	94.50
	大理站	96.11	昭通站	99.93
	丽江站	100.00	元谋站	99.28
	双柏站	99.90	玉溪站	99.45
	东川站	99.97	文山站	99.90
西藏	嘉黎站	7.96	日喀则站	96.58
	帕里站	53.42	班戈站	99.08
	昌都站	37.26	泽当站	78.62
	拉萨站	68.92	浪卡子站	86.17
	定日站	99.69	那曲站	99.66
	林芝站	98.19	错那站	88.35
	索县站	85.45	察隅站	71.21
	洛隆站	99.04	安多站	78.89
	左贡站	95.77	申扎站	95.36
陕西	宝鸡站	99.18	安康站	100.00
	西安站	100.00	商南站	98.60
	吴旗站	99.52	绥德站	97.06
	汉中站	98.02	宜君站	100.00
	大荔站	100.00		
甘肃	肃南站	99.52	酒泉站	100.00
	张掖站	97.64	玉门站	97.78
	天水站	98.29		

续表

省(区、市)	站名	运行率（%）	站名	运行率（%）
青海	西宁站	99.32	门源站	94.40
	共和站	96.45	久治站	55.67
	果洛站	96.99	刚察站	91.60
	兴海站	98.36	达日站	98.67
	河南站	99.76	民和站	73.26
宁夏	同心站	95.77	盐池站	85.25
	银川站	95.25	中卫站	61.17
	固原站	95.25		
新疆	阿拉尔站	95.97	阿勒泰站	95.66
	阿图什站	99.97	巴楚站	99.66
	巴里坤站	93.75	巴仑台站	95.59
	巴音布鲁克站	99.42	拜城站	99.97
	北塔山站	98.36	福海站	98.67
	富蕴站	99.39	哈巴河站	99.08
	哈密站	91.87	和布克赛尔站	89.07
	红柳站	98.26	精河站	99.66
	库车站	98.36	米泉站	99.49
	莫索湾站	99.04	皮山站	96.21
	奇台站	98.39	莎车站	97.85
	鄯善站	84.63	十三间房站	87.33
	塔什库尔干站	93.17	特克斯站	96.31
	托克逊站	95.25	托里站	98.39
	温泉站	87.33	乌恰站	99.39
	乌什站	98.60	乌苏站	90.92
	伊吾站	91.77		

注：上海无统计资料。

二、国家雷电监测网各省(区、市)探测站运行情况

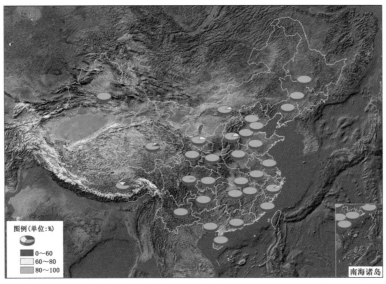

附图 2　2012 年全国雷电监测站网各省(区、市)运行率图

附表 2　2012 年国家雷电监测网各省(区、市)运行率统计表

省(区、市)	总运行率 (%)	运行率 <60%站数	运行率 60%~80%站数	运行率 >80%站数	总站数
北京	100.00	0	0	1	1
天津	99.97	0	0	1	1
河北	98.28	0	0	11	11
山西	96.63	0	1	6	7
内蒙古	95.36	0	2	18	20
辽宁	94.02	0	0	9	9
吉林	99.00	0	0	7	7
黑龙江	98.91	0	0	19	19
江苏	98.29	0	0	9	9
浙江	94.00	0	1	10	11
安徽	98.69	0	0	7	7
福建	99.34	0	0	9	9
江西	94.65	0	0	12	12
山东	99.70	0	0	7	7
河南	97.83	0	0	10	10
湖北	98.93	0	0	13	13
湖南	96.13	0	0	10	10
广东	97.09	0	0	11	11
广西	98.39	0	0	11	11
海南	93.21	0	0	6	6
重庆	95.63	0	0	5	5
四川	96.38	0	1	23	24
贵州	98.90	0	0	12	12
云南	98.94	0	0	22	22
西藏	79.98	3	4	11	18
陕西	99.15	0	0	9	9
甘肃	98.65	0	0	5	5
青海	90.45	1	1	8	10
宁夏	86.54	0	1	4	5
新疆	95.96	0	0	0	33
总计	96.30	4	11	319	334

注:上海无统计资料。